Hefte zur Unfallheilkunde
Beihefte zur Zeitschrift „Der Unfallchirurg“

Herausgegeben von:
J. Rehn, L. Schweiberer und H. Tscherne

219

Alois Schmid

Traumatischer Knorpelschaden - Knorpelglättung?

Geleitwort von H.-J. Peiper

Mit 51 Abbildungen und 27 Tabellen

Springer-Verlag
Berlin Heidelberg New York
London Paris Tokyo
Hong Kong Barcelona
Budapest

Reihenherausgeber

Professor Dr. Jörg Rehn
Mauracher Straße 15, W-7809 Denzlingen
Bundesrepublik Deutschland

Professor Dr. Leonhard Schweiberer
Direktor der Chirurgischen Universitätsklinik München-Innenstadt
Nußbaumstraße 20, W-8000 München 2
Bundesrepublik Deutschland

Professor Dr. Harald Tscherne
Medizinische Hochschule, Unfallchirurgische Klinik
Konstanty-Gutschow-Straße 8, W-3000 Hannover 61
Bundesrepublik Deutschland

Autor

Priv.-Doz. Dr. Alois Schmid
Chirurgische Universitätsklinik Göttingen
Robert-Koch-Str. 40, W-3400 Göttingen
Bundesrepublik Deutschland

ISBN 3-540-54427-5 Springer-Verlag Berlin Heidelberg New York

CIP-Titelaufnahme der Deutschen Bibliothek
Schmid, Alois: Traumatischer Knorpelschaden - Knorpelglättung? / Alois Schmid. Geleitw. von H.-J. Peiper. - Berlin; Heidelberg; New York; London; Paris; Tokyo; Hong Kong; Barcelona; Budapest: Springer, 1992
(Hefte zur Unfallheilkunde; 219)
ISBN 3-540-54427-5
NE: GT

Satz: M. Masson-Scheurer, 6654 Kirkel 2
24/3130-543210 - Gedruckt auf säurefreiem Papier

Geleitwort

Die Röntgenuntersuchung des Kniegelenkes war nicht in der Lage, einen alleinigen Knorpelschaden direkt aufzuzeigen. Mit Einführung der Arthroskopie als Routinediagnostik bei Kniegelenksverletzungen war eine konkurrenzlose und bisher sensitivste Diagnostik für Knorpelschäden gegeben. Nahezu täglich war damit die Frage zu beantworten, wie und ob ein unfallbedingter Knorpelschaden behandelt werden sollte.

Das aus der Literatur bekannte Knorpelglätten war mit dem intraoperativen Augenblickserfolg verbunden. An den dauerhaften Erfolg dieser Therapiemethode waren aber bereits berechtigte Zweifel geknüpft.

Mein früherer Mitarbeiter, Prof. Dr. med. Th. Thiling (Köln) und mein Mitarbeiter, Priv.-Doz. Dr. med. A. Schmid, haben erkannt, daß bezüglich der Therapiemethode des Knorpelschadens kein gesicherter Erkenntnisstand vorlag.

Die Transmissionselektronenmikroskopie, eine Untersuchungsmethode der Grundlagenforschung, war das geeignetste Verfahren, um im Rahmen einer klinischen Studie die Reaktionsweisen des Gelenkknorpels auf zwei unterschiedliche Therapieverfahren zu erkennen. Unter Beachtung von ethischen Grundsätzen und mit dem Rüstzeug der modernen medizinischen Informatik ist es meinem Mitarbeiter, Priv.-Doz. Dr. med. A. Schmid, gelungen, einen wissenschaftlich gesicherten Erkenntnisstand über den Einfluß des Knorpelglättens im Vergleich zum spontanen Heilverlauf zu erarbeiten.

Zielgerichtet an dieser Arbeit ist der methodische Aufbau. Klar und reproduzierbar sind die Aufarbeitung der Proben, die Randomisierung und die Gewinnung der Daten für die statistische Analyse beschrieben.

Für den klinischen Alltag ist diese prospektive randomisierte Studie eine wichtige Entscheidungshilfe. Für wissenschaftlich tätige Kollegen zeigt die Arbeit das methodische Vorgehen in einer klinischen Studie exemplarisch auf.

Göttingen, im Juni 1991

Prof. Dr. med. H.-J. Peiper

Inhaltsverzeichnis

1 Einleitung 1

2 Untersuchungsaufbau 5
2.1 Methodik 5
2.1.1 Studienaufbau 5
2.1.2 Studiencharakter: Prospektiv 5
2.1.3 Zielmerkmal: Traumatischer Knorpelschaden 6
2.1.4 Einschlußkriterien 6
2.1.5 Ausschlußkriterien 6
2.1.6 Haupteinflußgrößen: Shaving — Nichtshaving 6
2.1.7 Kontrollgruppe – Vergleich – Unterschied – Vergleichbarkeit 7
2.1.8 Knorpelschadensklassen 7
2.1.9 Flächenausmessung des Knorpelschadens 9
2.1.10 Qualitätskontrolle der Knorpelschadensklassifikation 9
2.1.11 Shavinginstrumente 10
2.1.12 Shaving: Methodisches Vorgehen 12
2.1.13 Gewebeentnahme 13
2.1.14 Fixierung und Einbettung der Präparate 13
2.1.15 Rezepte 15
2.1.16 Zielpräparation 16
2.2 Patientengut 17
2.2.1 Erfassungszeitraum und Patientendaten 17
2.2.2 Randomisierung 17
2.2.3 Blockbildung — Stratifizierung 21
2.2.4 Ethische Voraussetzungen 21
2.2.5 Patientenaufklärung 22
2.2.6 Erhebungsbogen — Datensammlung 22
2.2.7 Fallzahlermittlung: Sequentieller Studienplan 22
2.2.8 Negativauslese 23
2.2.9 Patientencompliance 23
2.2.10 Studienausgänge 24
2.2.11 Spezifische Komplikationen 24
2.3 Morphologische und statistische Analytik 24
2.3.1 Zielkriterium: Knorpelzellnekrose 24
2.3.2 Qualitätskontrolle: Zielkriterium 25
2.3.4 Meßschnitt 25
2.3.5 Qualitätskontrolle: Meßschnitt 29

2.3.6 Dokumentationsbogen 29
2.3.7 Beobachtungseinheit 29
2.3.8 Zielgröße: Differenzbetrag der Ausgangszellnekrosenzahl minus Kontrollzellnekrosenzahl 30
2.3.9 Auswahl des statistischen Tests 30
2.3.10 Hypothesengewinnung 30
2.3.11 Signifikanzstufe – Nullhypothese 31
2.3.12 Intakter Knorpel zum Vergleich 31

3 Ergebnisse 33
3.1 TEM-Bilder der Knorpelzellnekrose – Grundlage der statistischen Aussage 33
3.2 Meßwerte 33
3.3 Ergebnisse der Stratifizierung 55
3.4 Morphologische Befunde 62
3.4.1 Morphologische Befunde beim intakten Gelenkknorpel 62
3.4.2 Morphologische Befunde nach Shaving 64
3.4.3 Morphologische Befunde nach Nichtshaving 75

4 Diskussion 85

5 Zusammenfassung 105

6 Literatur 107

Sachverzeichnis 113

1 Einleitung

Unfallmechanismen mit Gelenkprellung, Gelenkstauchung oder abnormen Scherbewegungen im Gelenk können traumatische Knorpelschäden verursachen. Aufgerauhte, aufgefaserte und mit Spalten durchzogene Knorpelflächen können Schadensfolge eines solchen Traumas sein [9, 13, 103, 106, 108, 109]. Seit der routinemäßigen klinischen Anwendung der Kniegelenkspiegelung vor nunmehr 10 Jahren werden diese Knorpelverletzungen nahezu täglich bei jungen Patienten beobachtet.

Derartige Befunde widersprechen unserer Vorstellung von einem glatten, reibungslosen Bewegungsablauf in einem Gelenk. Als Operateur ist man förmlich herausgefordert, die von den Knorpelflächen abflottierenden Fasern wegzuschneiden und in einer tieferen Knorpelschicht eine neue, glatte Gelenkoberfläche zu schaffen. Dieses Verfahren wird als Knorpelglättung oder Knorpelshaving bezeichnet [120]. Zielvorstellung ist dabei, daß durch ein tangentiales Abtragen des geschädigten Knorpels in einer tieferen Knorpelschicht dauerhaft wieder eine glatte Gelenkoberfläche entsteht [121]. Zusätzlich wird die Absicht verfolgt, eine mögliche Selbstandauung des Knorpels, die von den geschädigten Chondrozyten ausgeht, durch Shaving zu beseitigen [42, 56, 149]. Mit diesen biomechanischen und biochemischen Korrekturwirkungen des Shavings soll der Circulus vitiosus einer prozeßhaft ablaufenden Arthrose beseitigt, gestoppt oder verlangsamt werden [13, 43, 112, 121].

Der Effekt des Knorpelshavings war bisher nach klinischer Anwendung im wesentlichen an der erreichten Schmerzlinderung gemessen worden [56, 112, 121]. Dies war jedoch eine recht unzuverlässige Kontrolle für den tatsächlichen Wirkmechanismus des Shavings am Gelenkknorpel. Die Schmerzlinderung konnte auch durch andere Manipulationen eintreten, die meist gleichzeitig mit dem Shaving durchgeführt worden waren.

Die bisherige entscheidende Rechtfertigung für eine breite Anwendung des Knorpelglättens war von der ursprünglichen Intention dieses Verfahrens abgeleitet worden: Outerbridge [121] sah im Shaving eine Maßnahme zur Schadensbegrenzung. Eine fortschreitende, mechanisch bedingte Schichtabhebung des Knorpels sollte durch Shaving gestoppt werden. Dieses Ziel ließ sich nach seinen Untersuchungen erreichen und war oft von einer Schmerzlinderung begleitet. Eine weitergehende positive Wirkung wurde im Knorpelshaving zunächst nicht gesehen. Durch raster- und transmissionselektronenoptische Untersuchungen war kurze Zeit später die Erkenntnis gewonnen worden, daß ein oberflächlich geschädigter Gelenkknorpel zu einer organotypischen Reparation in der Lage ist. Diese Ergebnisse waren in tierexperimentellen Untersuchungen erzielt worden. Dabei war das Heilungsergebnis umso besser, je jünger das Tier war [77, 81, 114]. Gleichzeitig wurde aufgrund biochemischer Untersuchungen bekannt, daß geschädigter Gelenkknorpel vermehrt Enzyme auf zellulärer Ebene besitzt, die eine Selbstandauung des Knorpels verursachen können [149].

Mit dieser Erkenntnis wurde unter klinischen Bedingungen die Indikation des Shavings erweitert. Traumatisch bedingte Knorpelschäden mit aufgerauhten Oberflächen wurden geglättet. Das Abtragen der geschädigten Knorpelsubstanz sollte für die darunterliegende kompakte Knorpelschicht und die umgebende unverletzte Knorpeloberfläche Startmechanismus für eine Ausheilung sein [129]. Im Shaving wurde jetzt nicht mehr nur eine Maßnahme zur Schadensbegrenzung, sondern sogar ein Verfahren zur Schadensbeseitigung erhofft.

Andererseits war tierexperimentell durch elektronenoptische Untersuchungen nachgewiesen worden, daß selbst ein zuvor ungeschädigter Gelenkknorpel nach Shaving nie organotypisch ausgeheilt war. Der durch das Shaving gesetzte oberflächliche Substanzverlust blieb nachweisbar, zeigte aber auch kaum eine Progression [59]. Diese Befunde wurden an jungen Ratten beobachtet, die unter vielen Tierspezies die vitalsten Knorpelzellen und damit die besten Voraussetzungen für eine Ausheilung bieten. [60].

Der wissenschaftliche Erkenntnisstand reichte von einer möglichen organotypischen Ausheilung bei experimenteller Schädigung, die einem Knorpelshaving vergleichbar war, bis hin zum Nachweis, daß Shaving selbst eine Schädigung des Knorpels bedeutete [45]. Hinzu kam das empirische Wissen, daß ein Knorpelschaden nicht im Sinne einer Restitutio ad integrum ausheilt. Dies war durch lichtmikroskopische Beobachtungen schon vor längerer Zeit bekräftigt worden [40].

Aus dieser unentschiedenen Situation für oder gegen das Shaving ergab sich bei klinischem Bedarf für ein sicheres Therapieverfahren bei traumatischen Knorpelschäden der Leitgedanke der Arbeit: Kann Knorpelglättung oder gleichbedeutend Knorpelshaving den Verlauf nach einer traumatischen Knorpelschädigung günstig beeinflussen? Shaving des Knorpels war unter klinischen Bedingungen nicht eine manipulativ veränderbare Einflußgröße wie in einem Experiment, sondern an das Shaving wurden die Anforderungen eines Therapieverfahrens gestellt. Vorgeschädigter Gelenkknorpel sollte behandelt werden. Sollte Shaving als gültiges Therapieverfahren Bestand haben, mußte es den Heilverlauf nach einer Knorpelschädigung günstiger beeinflussen, als der natürliche Krankheitsverlauf sich gestaltete.

Die Arthroskopie brachte zwar die Voraussetzungen mit sich, daß Knorpelschäden häufiger erkannt wurden und leichter in ihrem Verlauf kontrolliert werden konnten. Bei der arthroskopischen Inspektion bestand jedoch keine Sensitivität mehr, zu entscheiden, ob Shaving oder der natürliche Heilverlauf den traumatischen Knorpelschaden günstiger beeinflussen. Unter klinischen Bedingungen war die Fragestellung zunächst auch nicht durch Langzeitergebnisse zu klären. Zu viele weitere Einflußgrößen hätten unerkannt auf das Ergebnis einen Einfluß haben können und die Wirkung des Shavings oder Nichtshavings wäre unerkannt verblieben.

Unter klinischen Bedingungen galt es mit möglichst wenig entnommenem Knorpelgewebe bei ohnehin relativ dünner Gewebeschicht eine eindeutige Aussage treffen zu können. Die Transmissionselektronenmikroskopie gewährleistete diese Untersuchungsvoraussetzungen.

Dieses morphologische Untersuchungsverfahren besitzt für die Knorpelschicht, an der das Shaving vollzogen wurde, ein breites Auflösungsvermögen. Die Sensitivität der Methode gestattet es auch, frühe Veränderungen an der Knorpelsubstanz bei sehr kleinen Gewebeproben zu erkennen.

Mit dieser Untersuchungsmethode sollte im Rahmen der Studie eine Antwort auf die Frage erzielt werden: Kann Knorpelshaving den Verlauf nach einer traumatischen Knorpelschädigung günstiger beeinflussen als der natürliche Heilungsverlauf?

2 Untersuchungsaufbau

2.1 Methodik

2.1.1 Studienaufbau

Die gesamte Studie unterteilte sich in 2 Zeitabschnitte. Im Anschluß an eine Pilotphase folgte ab Juni 1982 die eigentliche Studie. In der Pilotphase wurde der theoretisch geplante Versuchsablauf unter realen Bedingungen geprüft. Angestrebtes Ziel dabei war, die Probenentnahme aus dem Kniegelenk, die Aufarbeitung der Präparate für die Transmissionselektronenmikroskopie (TEM), das Bedienen des Elektronenmikroskops und die Beurteilung der Befunde unter gleichen Bedingungen durchzuführen. Der erreichte Standard war Grundlage für die erforderliche Reproduzierbarkeit der Methode. Bezweckt wurde damit auch das Vermeiden oder Kleinhalten eines systematischen Fehlers. Durch das Vorverlagern von möglichen Anfangsschwierigkeiten in die Pilotphase sollte die eigentliche Studie von vermengten Effekten freigehalten werden.

Am Ende der Pilotphase wurde ein definitives Studienprotokoll schriftlich festgehalten. Dieses Studienprotokoll unterteilte sich in den theoretischen Studienplan, in die praktische Versuchsanleitung und in Abschnitte zur Qualitätssicherung der Studie.

2.1.2 Studiencharakter: Prospektiv

Erfahrungen während der Pilotphase der Studie ließen es realistisch erscheinen, daß eine prospektive Studie erfolgreich durchzuführen war. Gründe hierfür waren: Seit dem klinischen Einsatz der Arthroskopie war die Zahl der operativen Eingriffe am Kniegelenk rasant gestiegen. Auch geplante und durch den Ersteingriff zeitlich absehbare Zweiteingriffe nahmen zahlenmäßig zu. Ihre Indikation konnte auch großzügiger gestellt werden, da die Zweiteingriffe häufig in arthroskopischer Technik durchzuführen waren. Der Gelenkknorpel war dadurch für Kontrollen direkt erreichbar. Bei einem traumatischen Knorpelschaden konnte ein Shaving durchgeführt oder alternativ der spontane Heilverlauf gewählt werden. Shaving oder Nichtshaving wurden als Ursache definiert. Die Änderung des Kontrollbefundes im Vergleich zum Ausgangszustand war als Auswirkung der Ursache anzusehen. Das Verhältnis von Ursache zur Wirkung war kausal. Eine abschließende Beurteilung konnte nun von der Ursache ausgehend und in Richtung der Zeitachse prospektiv die Folgen analysieren. Um die Gültigkeit dieser Grundsätze zu gewährleisten, waren im Studienplan verschiedene Bedingungen einzuhalten.

2.1.3 Zielmerkmal: Traumatischer Knorpelschaden

Entscheidende Voraussetzung für die Aufnahme in die Studie war ein traumabedingter Knorpelschaden in der Belastungszone der medialen Femurkondyle des Kniegelenks. Ein traumatischer Knorpelschaden wurde dann angenommen, wenn nach anamnestischen Angaben ein Unfallmechanismus auf das betroffene Kniegelenk eingewirkt hatte und ein makroskopisch faßbarer Knorpelschaden vorlag [108].

2.1.4 Einschlußkriterien

In die Studie konnten weibliche und männliche Patienten aufgenommen werden, die bei Aufnahme nicht jünger als 18 und nicht älter als 35 Jahre waren. Aufgrund von klinisch relevanten Sachverhalten wurde eine Untergliederung in einen frischen und einen alten Knorpelschaden vorgenommen. Ein frischer Knorpelschaden wurde angenommen, wenn zwischen einem erstmaligen Trauma und der Gewebeentnahme nicht mehr als 14 Tage verstrichen waren. Lag ein Zeitintervall bis zu 1/2 Jahr vor, wurde dieser Schaden als alter Knorpelschaden deklariert. Nach der Schadensklassifikation mußte ein Knorpelschaden II. oder III. Grades vorliegen.

2.1.5 Ausschlußkriterien

Ausgeschlossen werden sollten alle Störgrößen, die die Wirkung der Haupteinflußgröße Shaving oder Nichtshaving in ihrer Wirkung hätten gegensinnig oder gleichsinnig beeinflussen können. Störgrößen, die zum Ausschluß führten, waren: Gicht, Gelenkinfektionen, Voroperationen am betroffenen Kniegelenk, chronische Reizergüsse nach dem Ersteingriff, Kniegelenkdysplasien, rheumatische Erkrankungen und Voroperationen am betroffenen Bein. Ferner durften keinerlei radiologische Anzeichen einer Kniegelenkarthrose bei Aufnahme in die Studie vorliegen. Im Verlauf nach dem Ersteingriff durfte keine Bandinstabilität verbleiben, die muskulär nicht kompensiert war. Komplexe Kniegelenkinstabilitäten wurden demnach ausgeschlossen.

2.1.6 Haupteinflußgrößen: Shaving – Nichtshaving

Ziel der Studie war es, die Auswirkungen der Haupteinflußgrößen, Shaving oder Nichtshaving, auf das Zielmerkmal, traumatischer Knorpelschaden, zu erforschen. Hierzu mußte das Shaving bzw. Knorpelglätten definiert werden. Um von vornherein Mißverständnisse, die aus der Literatur bekannt sind, auszuräumen, sollte bereits hier einerseits beschrieben werden, was Shaving bedeutet, und andererseits verdeutlicht werden, was nicht darunter zu verstehen ist.

Shaving bedeutet in der Studie ein tangentiales Abtragen von aufgerauhter Knorpelsubstanz mit dem Ziel, auf Dauer in einer tieferen Knorpelschicht eine neue, glatte Gelenkoberfläche zu schaffen.

Shaving ist nicht das Abtragen von degenerativ verändertem Gelenkknorpel und Eröffnen der sklerosierten subchondralen Knochenschicht [51]. Dies wird sinngemäß Abrasionsarthroplastik genannt. [84]. Im Vergleich zum Shaving verbleibt bei der Abrasionsarthroplastik kein originärer hyaliner Knorpel. Shaving von Gelenkknorpel ist auch nicht das Abknipsen von Knorpelfasern, die bei Flüssigkeitsfüllung des Kniegelenks von der Knorpeloberfläche abflottieren. Die in der Studie gewählte alternative Behandlungsmethode ist das Nichtshaving oder – gleichbedeutend – der natürliche Heilverlauf eines traumatisch geschädigten Gelenkknorpels.

2.1.7 Kontrollgruppe – Vergleich – Unterschied – Vergleichbarkeit

An einer Patientengruppe, die sich durch Zufallszuteilung ansammelte, wurde die Haupteinflußgröße Knorpelshaving angewendet. Die Patienten der Kontrollgruppe wurden gleichfalls durch Zufallszuteilung bestimmt. Bei der Kontrollgruppe unterlag der Knorpelschaden dem natürlichen Schadensverlauf. Durch den Vergleich der Heilungsergebnisse beider Gruppen sollte ein möglicher Unterschied festgestellt und auf die Auswirkung der verschiedenen Behandlungsmethoden schlußgefolgert werden. Als Grundvoraussetzung hierfür mußte durch den Studienplan die Vergleichbarkeit gewährleistet werden.

2.1.8 Knorpelschadensklassen

Die Definition des Shavings setzt voraus, daß der subchondrale Knochen nach dem Glätten noch von Knorpelsubstanz bedeckt ist. Traumatische Knorpelschäden mit flächenhaft freiliegender subchondraler Knochenschicht waren somit vom Shaving ausgeschlossen. Andererseits wurde es klinisch nicht praktiziert und war es ethisch nicht vertretbar, geringste oberflächliche Auffaserungen des Gelenkknorpels zu glätten.

Welche Art von Knorpelschäden wird im klinischen Alltag geshaved und sollte in der Studie, in Hinblick auf ihre Heilungsergebnisse, kontrolliert werden? Für diese Studie wurde eine Knorpelschadensklassifikation entwickelt, die einem Untersucher erlaubt, einen Knorpelschaden zweifelsfrei in eine der Klassen einordnen zu können:

- Es wurde ein *einheitliches Bezugssystem* definiert: Der Knorpelschaden wird arthroskopisch oder nach Arthrotomie inspiziert und mit einer Hakensonde mit 1,5 mm langer Hakennase palpiert.
- Die *Klassengrenzen* wurden definiert: Bleibt die Hakennase anteilig über dem Oberflächenniveau des Gelenkknorpels in einem geschädigten Areal sichtbar, liegt ein erstgradiger Knorpelschaden vor (Abb. 1 a). Taucht die Hakennase der Palpationssonde vollständig unter das Oberflächenniveau des Knorpels, liegt ein zweitgradiger Schaden vor (Abb. 1 b). Ein drittgradiger Knorpelschaden liegt vor, wenn mit der Hakensonde knöcherner Kontakt getastet wird (Abb. 1 c).

  Die zur Klassifikation benutzte Hakensonde weist Markierungen im Abstand von 5 mm entlang ihres Stiels auf. Ein Knorpelschaden, bei dem auf 5 mm Länge die Subchondralschicht vor oder auch nach dem Shaving freiliegt, wird dem viertgradigen Knorpelschaden zugeordnet (Abb. 1 d).

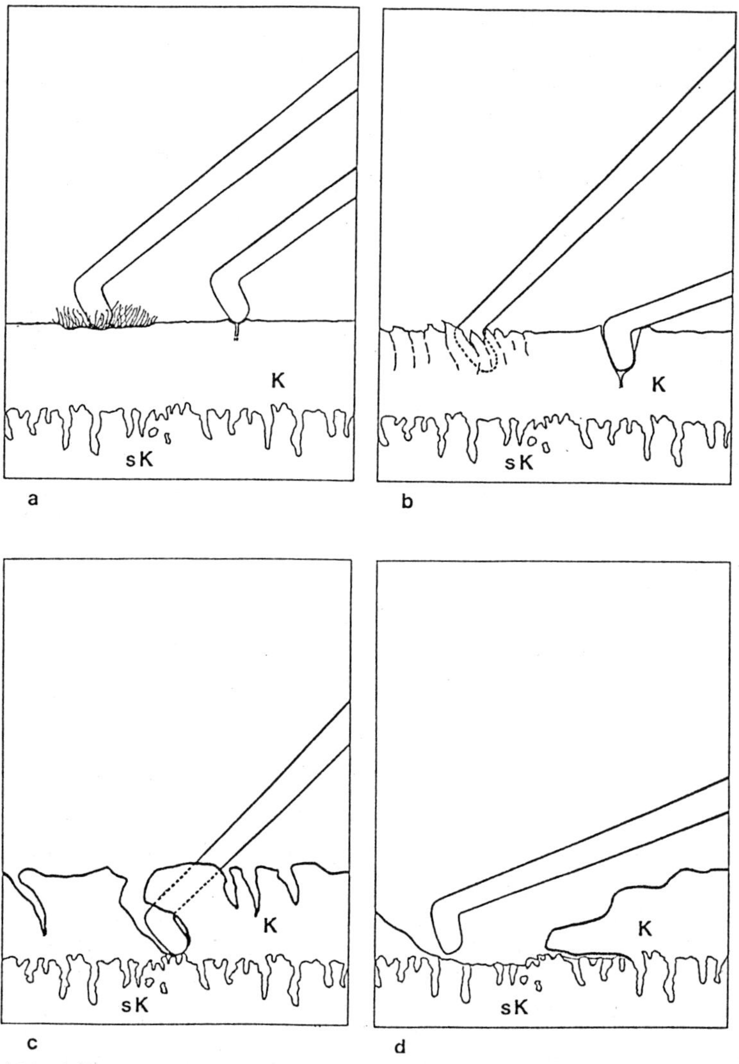

Abb. 1. Knorpelschäden I. (**a**) und IV. (**d**) Grades wurden nicht in die Studie aufgenommen. Knorpelschäden II. (**b**) und III. (**c**) Grades waren Zielmerkmale des Patientengutes. Die Zuordnung zur Schadensklasse wurde mit einem Tasthaken ermittelt (*K* Knorpel, *sK* subchondraler Knochen)

- Entscheidend für die Tauglichkeit dieser Knorpelschadensklassifikation war, daß sich die Klasseninhalte der Schadensklassen gegenseitig ausschlossen. So funktionierte diese Klassifikation nur am Kniegelenk des Menschen.

Das Shaving des Gelenkknorpels wurde in der Studie bei der Knorpelschadensklasse II und III durchgeführt.

2.1.9 Flächenausmessung des Knorpelschadens

Die Klassifikation der Knorpelschäden, mit der in der Studie gearbeitet wurde, enthielt keine Abstufung nach der flächenhaften Ausdehnung des Schadens. Dennoch mußte die Information über die Ausdehnung registriert werden. Aus der Pilotphase der Studie war bekannt, daß ein traumatischer Knorpelschaden so gut wie nie die gesamte Belastungszone der medialen Gelenkfläche betroffen hatte. Ein Knorpelschaden II. oder III. Grades umfaßte meist ein fokales Areal in der Belastungszone von ca. 2 x 3 cm. Sowohl bei der Arthroskopie als auch bei der Arthrotomie wurde die geschädigte Fläche mit dem Tasthaken vermessen. Auf den Stiel des Tasthakens waren hierzu Markierungen im Abstand von 5 mm eingraviert.

Die Vermessung war auch erforderlich, um mögliche Schwierigkeiten beim Wiederaufsuchen der geschädigten Zone zu vermeiden und die Zuverlässigkeit für die Plazierung der Kontrollgewebeprobe zu gewährleisten. Hierzu wurde die Entfernung des Zentrums des geschädigten Areals zur interkondylären Kante der medialen Femurkondyle gemessen. Das Wiederauffinden der geschädigten Zone beim Zweiteingriff mußte aber nie von diesen relativ ungenauen Bezugsmessungen abhängig gemacht werden. Immer war der Knorpel am protokollierten Ort durch morphologische Veränderungen sofort erkennbar. Die Flächenmessung und die Entfernungsmessung wurden auf dem jeweiligen Erhebungsbogen dokumentiert.

2.1.10 Qualitätskontrolle der Knorpelschadensklassifikation

Da die Knorpelschadensklassifikation speziell für diese Studie entwickelt wurde, war eine Qualitätskontrolle erforderlich [88]. Unter klinischen Bedingungen wurde der interindividuelle Meßfehler am eröffneten Kniegelenk gemessen. Zwei Untersucher notierten unabhängig voneinander den nach obiger Klassifikation gefundenen Knorpelschaden (Tabelle 1). Der interindividuelle Meßfehler wurde auch unter arthroskopischen Bedingungen ermittelt (Tabelle 2). Auch der methodische Meßfehler wurde gemessen: Ein Untersucher beurteilte den Knorpelschaden unter arthroskopischen Bedingungen. Nachfolgend wurde unabhängig davon von einem 2. Untersucher der Schaden nach Arthrotomie klassifiziert (Tabelle 3). Die Ermittlung des intraindividuellen Meßfehlers war dagegen nur an Gelenkflächen von Leichenkniegelenken praktikabel. Einem Untersucher wurde in vertauschter Reihenfolge und bei zugedeckter Gelenkumgebung ein geschädigtes Knorpelareal mehrmals zur Klassifizierung demonstriert. Die Zuordnung zu den Schadensklassen wurde notiert (Tabelle 4). Die Qualitätskontrollen zeigten, daß über 95% der Knorpelschäden reproduzierbar einer bestimmten Schadensklasse zugeordnet wurden. Die Tauglichkeit dieser klinischen Klassifikation war vor Studienbeginn erprobt worden.

Tabelle 1. Qualitätskontrolle der Knorpelschadensklassifikation. Meßfehler bei arthrotomierten Kniegelenken 4 %

Untersucher A		Untersucher B – Knorpelschadensklasse				
		I	II	III	IV	Gesamt
	I	11	1			12
Knorpel-	II	1	40			41
schadens-	III		1	29		30
klasse	IV			1	16	17
Gesamt		12	42	30	16	100

Tabelle 2. Qualitätskontrolle bei Knorpelschadensklassifikation. Bei arthroskopischer Prüfung betrug der Meßfehler 8 %

Untersucher A		Untersucher B – Knorpelschadensklasse				
		I	II	III	IV	Gesamt
	I	21	2			23
Knorpel-	II	2	36	1		39
schadens-	III		2	28		30
klasse	IV			1	7	8
Gesamt		23	40	30	7	100

2.1.11 Shavinginstrumente

Mit Hilfe der Shavinginstrumente sollte bei einer aufgerauhten Knorpeloberfläche in einer tieferen Knorpelschicht wieder eine dauerhaft glatte Gelenkoberfläche geschaffen werden. Ein tangentiales Herausschneiden der eingerissenen Knorpelsubstanz sollte einen stufenlosen Übergang zum intakten Knorpelniveau gewährleisten.

In der Studie wurde bei arthrotomiertem Kniegelenk das Chondroplastikmesser (Nr. 94) verwendet. Dieses Messer zeigt eine freistehende Klinge, die wegen der Biegung des Klingenblattes beim Schneideandruck elastisch federt. Dadurch lassen sich makroskopisch

Tabelle 3. Qualitätskontrolle der Knorpelschadensklassifikation. Methodischer Fehler 6%

Untersucher A		Untersucher B Knorpelschadensklasse I	II	III	IV	Gesamt
	I	18				18
Knorpel-	II	2	32			34
schadens-	III		3	36		39
klasse	IV			1	8	9
Gesamt		20	35	37	8	100

Tabelle 4. Qualitätskontrolle der Knorpelschadensklassifikation. Intraindividueller Fehler 2%

1. Untersuchung		2. Untersuchung Knorpelschadensklasse I	II	III	IV	Gesamt
	I	27				27
Knorpel-	II		28	1		29
schadens-	III		1	32		33
klasse	IV				11	11
Gesamt		27	29	33	11	100

stufenlose Schnittflächen ziehen. Um ein unbeabsichtigt tiefes Einschneiden des freien Klingenendes zu vermeiden, ist dieses gerundet und abgestumpft. Beide Längsseiten sind scharf geschliffen, so daß Schnitte in Zug- und Abdrückrichtung möglich sind. Unter arthroskopischen Bedingungen wurden speziell entwickelte Schälmesser nach Art der Ringküretten sowie Stoßmesser mit seitlich gesicherter Schnittfläche benutzt. Je nach Lage und Anstellwinkel der Messerstiele zum geschädigten Knorpelareal wurden auch seitlich schneidende Messer unter arthroskopischen Bedingungen benutzt.

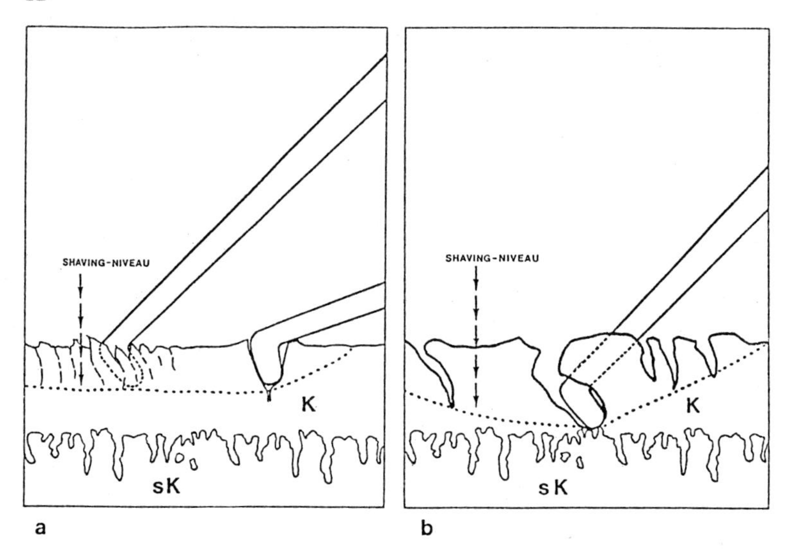

Abb. 2. Bei einem zweitgradigen Knorpelschaden durfte unmittelbar nach dem Shaving die Nase der Tastsonde nicht mehr unter das geshavte Niveau tauchen (**a**). Bei einem drittgradigen Knorpelschaden mußte unmittelbar nach dem Shaving die subchondrale Knochenschicht noch von Knorpel bedeckt sein (**b**) (*K* Knorpel, *sK* subchondraler Knochen)

2.1.12 Shaving: Methodisches Vorgehen

Im Anschluß an die Klassifikation des Knorpelschadens, nach Flächenmessung und Lokalisationsbestimmung wurde eine Gewebeprobe aus dem Zentrum des Schadensareals ausgestanzt. Das Shaving wurde im Zentrum eines Knorpelschadens mit dem tangentialen Abtragen begonnen und zur ungeschädigten Umgebung hin geschnitten. Nach makroskopischem Aspekt sollten keine Stufen in der neu geschaffenen Knorpeloberfläche verbleiben und Übergänge zur originären Knorpeloberfläche mußten flach auslaufen.

Bei einem zweitgradigen Knorpelschaden durfte unmittelbar nach dem Shaving die Nase der Tastsonde nicht mehr unter das geshavte Niveau tauchen (Abb. 2 a).

Im Zentrum eines drittgradigen Knorpelschadens war nach der Definition der Schadensklasse bei der Palpation mit der Sonde ein knöcherner Kontakt spürbar. Die geshavte Knorpelfläche mußte jedoch den subchondralen Knochen noch vollständig bedecken (Abb. 2 b). Wurde trotz der Zuordnung zum drittgradigen Knorpelschaden am Ende des Shavingmanövers die subchondrale Knochenschicht freigelegt, so wurde als Therapie eine Pridie-Bohrung vorgenommen.

Die elektronenmikroskopische Beurteilung des Knorpels mit dem vorgesehenen Testverfahren war dann nicht mehr möglich, da kein Knorpelgewebe mehr im Zentrum der Schädigung vorhanden war. Über solche Fälle sollte speziell berichtet werden. Bereits hier sei erwähnt, daß ein derartiger Fall nicht eintrat.

Grundsätzlich wurde jeweils sofort nach dem Shaving eine 2. Gewebeprobe entnommen.

Tabelle 5. Die operative Zugangsart zum Kniegelenk ist in bezug zum Erst- und Zweiteingriff gesetzt. Das Verhältnis Arthrotomie zu Arthroskopie war beim Ersteingriff ausgewogen. Beim Zweiteingriff überwog die Arthroskopie mit einem Verhältnis von 11:1

	operativer Zugang		
	Arthrotomie	Arthroskopie	Gesamt
1. Eingriff	68	64	132
2. Eingriff	11	121	132
Gesamt	79	185	264

2.1.13 Gewebeentnahme

Aus dem geschädigten Knorpelareal wurden mit einer Stanze von 2,3 mm Innendurchmesser Knorpelstanzzylinder herausgelöst. Die Stanzen hatten stirnseitig einen kurzzügigen Innen- und Außenschliff. Dadurch war es möglich, das Knorpelgewebe durch einen entsprechenden Aufdruck zu durchschneiden. Der subchondrale Knochen ließ sich durchstanzen. Durch eine geringe Auslenkung am Griffende der Stanze wurde der Gewebezusammenhang an der Stirnseite der Stanze unterbrochen. Beim Zurückziehen der Stanze blieb das Knorpelstück im Lumen verklemmt. Nach einmaligem Gebrauch mußten die Stanzen nachgeschliffen werden.

Wurde ein geschädigtes Areal geshaved, so wurden vor und nach dem Knorpelglätten je 1 Stanzzylinder Knorpelsubstanz aus dem Zentrum der Schadenszone entnommen. Bei Zufallszuteilung zum Nichtshaving wurden 2 Knorpelproben herausgestanzt. Die Position des Schadensareals und die Entnahmestellen wurden dokumentiert. Im Rahmen eines Zweiteingriffs wurden erneut 2 Proben entnommen.

Beim Ersteingriff bestand ein ausgewogenes Verhältnis zwischen arthroskopischem Zugang zum Kniegelenk und Arthrotomie. Die Kontrollgewebeproben wurden dagegen überwiegend unter arthroskopischen Bedingungen entnommen (Tabelle 5).

2.1.14 Fixierung und Einbettung der Präparate

Nach der Entnahme wurden die Knorpelstanzzylinder jeweils in mit Karnovsky-Lösung gefüllte 8-ml-Snap-Cap-Glasfläschchen gegeben, worin sie zur Primärfixation für mindestens 4 h bei Raumtemperatur verblieben. Die anschließende Feinpräparation der Knorpelproben erfolgte in einer mit 2%igem Glutaraldehyd gefüllten Petri-Schale unter einem Abzug. Die für die Zerkleinerung der Knorpelstanzzylinder verwendeten Hartschnittklingen wurden in 96%igem Alkohol gereinigt und anschließend an der Luft getrocknet.

Die Knorpelstanzzylinder wurden durch einen Längsschnitt zerteilt (Abb. 3) und in Glasfläschchen gegeben, die mit 2%igem Glutaraldehyd in 0,2 mol Cacodylatpuffer bis an den Rand aufgefüllt waren [19, 22].

Nach Beschriften der Fläschchen wurden die Knorpelproben bei + 4 °C zur Fixierung für mindestens 72 h in Glutaraldehyd belassen. Für die Einbettung wurden Knorpelproben

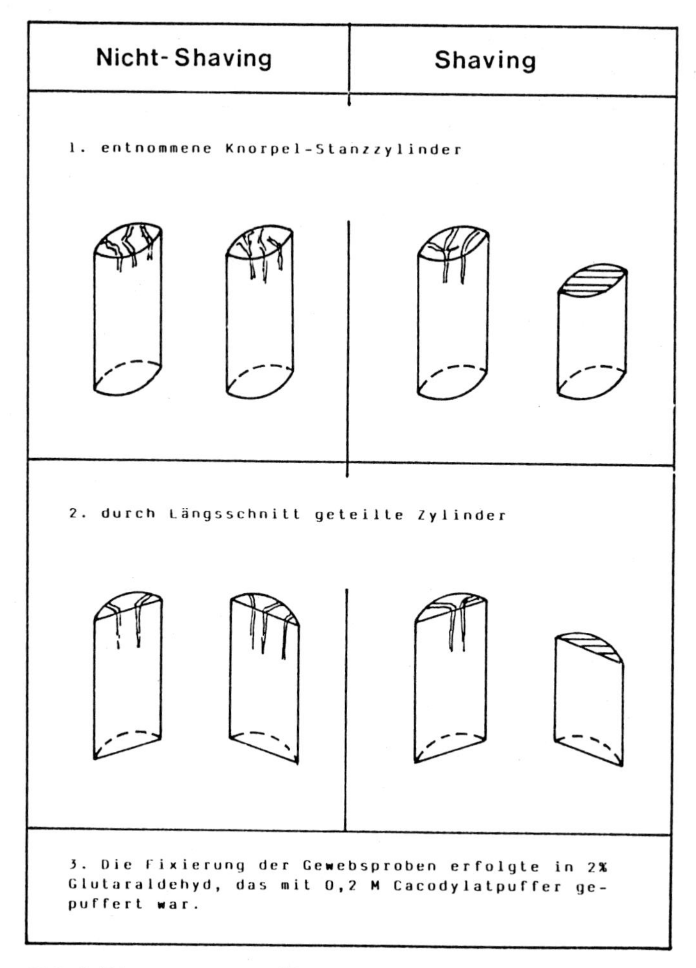

Abb. 3. Die entnommenen Knorpelstanzzylinder wurden durch Teilung und Fixierung für die TEM-Untersuchung vorbereitet

zunächst 3mal in 0,1 mol Cacodylatpuffer gewaschen, und zwar 2mal 30 min und einmal 1 h. Anschließend erfolgte die 2stündige Fixierung in 2 %igem Osmiumtetroxid und 3 %igem Kaliumferrocyanid (II) in einem 1:1-Gemisch unter dem Abzug in fest verschließbaren Reagenzröhrchen. Danach erfolge nochmals 3maliges Waschen in 0,1 mol Cacodylatpuffer, einmal 1 h und 2mal 2 h.

Die Entwässerung der Knorpelpräparate erfolgte in der aufsteigenden Alkoholreihe:

1. 2maliges Waschen in 35 %igem Alkohol bei + 4 °C, einmal 5 min, einmal 10 min.
2. 2maliges Waschen in 50 %igem Alkohol bei + 4 °C, einmal 5 min, einmal 10 min.
3. 2maliges Waschen in 70 %igem Alkohol bei + 4 °C, einmal 5 min, einmal 10 min.
4. 2maliges Waschen in 96 %igem Alkohol bei Raumtemperatur, einmal 5 min, einmal 10 min.
5. 3maliges Waschen in absolutem Alkohol bei Raumtemperatur, jeweils 20 min.

Als Intermedium wurde Propylenoxid verwendet: Die Knorpelproben wurden je 3mal in mit Propylenoxid gefüllte Reagenzröhrchen gegeben und bei Raumtemperatur stehengelassen, einmal für 10 min, einmal für 20 min und einmal für 30 min. Die Reagenzröhrchen waren dabei fest verschlossen.

Für die Einbettung wurden die Knorpelproben zunächst für 1 h in einer Mischung aus Epon und Propylenoxid im Verhältnis 1:1 unter dem Abzug aufbewahrt. Anschließend verblieben die Knorpelproben für weitere 20 h in einem Gemisch aus Epon und Propylenoxid im Verhältnis 3:1 unter dem Abzug. Zur endgültigen Einbettung wurden die Knorpelproben in mit Epon gefüllte 1-ml-Schälchen gegeben. Die Polymerisation der Blöcke erfolgte 9 h bei 37 °C, 20 h bei 45 °C und 24 h lang bei 56 °C. Nach Aushärtung wurden die Blöcke aus den Schälchen herausgelöst und in beschrifteten Kunststofftütchen aufbewahrt [125, 134].

2.1.15 Rezepte

1. *0,2-M-Cacodylatpuffer*
   42,8 g Cacodylsäure-Natriumsalz
   ad 1 l Aqua bidest.
   pH mit 1 mol HCl auf pH 7,4 einstellen
   bei + 4 °C aufbewahren

2. *2 % Glutaraldehyd (pH 7,3)*
   8 ml Glutaraldehyd 25 %
   46 ml Cacodylatpuffer pH 7,4
   46 ml Aqua bidest.
   bei + 4 °C aufbewahren

3. *Waschpuffer (0,1-M-Cacodylatpuffer)*
   5 g NaCl Mer
   500 ml 0,2-mol-Cacodylatpuffer pH 7,4
   ad 1 l Aqua bidest.
   pH 7,2
   bei 4 °C aufbewahren

4. *Karnovsky-Lösung pH 7,3*
   4 g Paraformaldehyd
   50 ml Aqua bidest.
   30 ml 0,2-mol-Cacodylatpuffer pH 7,4
   20 ml Glutaraldehyd 25 %ig
   Paraformaldehyd und Aqua bidest. und Rühren auf 60–70 °C erwärmen. Durch Zugabe von 1–2 Tropfen 1-N-NaOH verschwindet die Trübung. Die Lösung auf Zimmertemperatur abkühlen lassen. Dann Cacodylatpuffer und Glutaraldehyd zugeben. Karnovsky-Lösung erst kurz vor Gebrauch ansetzen (höchstens 2–3 Tage vorher), bei + 4 °C aufbewahren.

5. *2 %iges Osmiumtetroxid*
   Kristallines Osmiumtetroxid in Aqua bidest. lösen. Da der Lösungsvorgang lange dauert, muß die Lösung spätestens 24 h vor Gebrauch angesetzt werden. Bei + 4 °C aufbewahren.

6. *3 %iges Kaliumferrocyanid (II)*
   Kaliumhexacyanoferrat in 0,2-mol-Cacodylatpuffer lösen. Bei + 4 °C aufbewahren.

7. *Eponmischung*
   Epikote: Glycidether 100
   DDSA: Dodecenylbernsteinsäureanhydrid
   MNA: Methylnorbornen-2,3-dicarbonsäureanhydrid
   DMP 30: 2,4,6-Tris (dimethylaminoethyl)-phenol
   A = Epikote 62 ml + DDSA 100 ml
   B = Epikote 100 ml + MNA 89 ml
   fertige Eponmischung: Epon A – 6 Teile
   Epon B – 4 Teile
   DMP 30 – 1,5–2 %

8. *Toluidinblau für Semidünnschnitte*
   1 % Toluidinblau lösen in 1 % Boraxlösung in Aqua dest.
   Toluidinblau
   Borax

9. *2,5 % Uranylacetat*
   0,05 g UO_2 AC/2 ml Aqua bidest.
   durch Schütteln langsam lösen (UO_2 löst sich in Wasser langsam). Überstand durch 20 min Zentrifugieren bei 3000 U abtrennen. Lösung im Dunkeln aufbewahren.

10. *Bleicitrat nach Reinolds*
    1,33 g Pb (Na_3) in 15 ml Aqua bidest. lösen
    1,76 g $Na_3\ C_6\ H_5\ O_7 \cdot 2\ H_2O$ in 15 ml Aqua bidest. lösen.
    Beide Lösungen zusammengeben und 20 min leicht schütteln.
    8 ml 1 N NaOH (1 g/25 ml H_2O) zufügen und mit Aqua bidest. auf 50 ml auffüllen.

2.1.16 Zielpräparation

Im Anschluß an die Polymerisation wurde der um die Knorpelpräparate herum überschüssige Kunststoff zunächst mit einer Laubsäge entfernt. Mit Hilfe einer Mikrofräse wurden die Spitzen der Knorpelblöcke pyramidenförmig getrimmt.

Die Herstellung der Semidünnschnitte (Dicke ca. 1 µm) für die lichtmikroskopische Beurteilung erfolgte an einem Ultramikrotom mit Hilfe von Glasmessern. Die Glasmesser wurden aus Tafelglasstreifen (38 mm breit, 40 cm lang) am Knife-maker gebrochen. Die Semidünnschnitte wurden jeweils mit einem feinen Pinsel vom Glasmesser auf einen Tropfen Aqua dest. auf einen Objektträger gegeben. Durch anschließendes Erwärmen der

Objektträger auf ca. 80 °C auf einer Wärmeplatte wurden die Schnitte gestreckt und angetrocknet. Die angetrockneten Schnitte wurden mit Toluidinblau gefärbt [26, 35, 136].

Die Herstellung der Ultradünnschnitte erfolgte ebenfalls am Mikrotom mit einem Diamantmesser. Die Schnittdicke wurde so gewählt, daß die Interferenzfarbe Silbergrau erschien. Die entsprach einer Schnittdicke von ca. 60 nm. Die Ultradünnschnitte wurden auf kupferne Präparatnetzträger (3 mm O.D., 200 Mesh bar 40 μ, hole 85 x 85 μ) aufgenommen. Die Nachkontrastierung der Dünnschnitte erfolgte mit Uranylacetat und Bleicitrat. Die Schnitte wurden im Elektronenmikroskop betrachtet und photographiert. Zum photographieren wurden Scientia Filme, 7 x 7 cm, verwendet.

2.2 Patientengut

2.2.1 Erfassungszeitraum und Patientendaten

Ab Juni 1982 bis Ende Februar 1987 wurden an der Chirurgischen Universitätsklinik in Göttingen Patienten in den prospektiv angelegten Studienteil 321 Patienten aufgenommen. Bei 132 Patienten konnten eine Ausgangs- und eine Kontrollgewebeprobe entnommen werden. Lagen beide Gewebeproben vor, konnte die Testmethode der Studie angewendet werden. Die weiteren Angaben beziehen sich daher immer nur auf die 132 Patienten, bei denen bisher eine 2. Gewebeprobe entnommen werden konnte.

Aufgrund der sequentiellen Fallzahlermittlung und aus Interesse an längerfristigen Verläufen wird die Studie auch nach diesem Bericht ohne weitere Neuaufnahme fortgeführt.

59 % der Patienten ($n = 74$) waren Männer und 41 % ($n = 54$) waren Frauen. 87mal (66 %) war das rechte und 45mal (34 %) das linke Kniegelenk von einem unfallbedingten Knorpelschaden II. oder III. Grades betroffen. Zum Zeitpunkt der Aufnahme in die Studie betrug das Durchschnittsalter alle Patienten ca. 26 Jahre. Es erfolgte eine Unterteilung in eine Altersgruppe von 18–25 Jahren. Dort betrug das Durchschnittsalter ca. 22 Jahre. In der Altersgruppe von 26–35 Jahren lag das Durchschnittsalter bei ca. 30 Jahren. Die Tabellen 6–8 schlüsseln das Patientengut näher auf und geben die Diagnose beim Ersteingriff und die Indikation zum Zweiteingriff an.

2.2.2 Randomisierung

Um den Einfluß von Störgrößen in beiden Behandlungsgruppen möglichst gleichzuhalten, wurden die Patienten dem Shavingverfahren oder alternativ dem natürlichen Heilungsverlauf durch Zufallszuteilung zugeordnet. Konkret wurde die Randomisierung wie folgt durchgeführt: Mit 2 Würfeln wurden auf dem Tafelwerk für Zufallszahlen die Spalte und mit 3 Würfeln die Reihe festgelegt [33]. Die Schnittstelle ergab den Startpunkt für die Zufallszahlen. Für den zweit- und drittgradigen Knorpelschaden wurde jeweils ein Startpunkt durch Würfeln bestimmt. Die Endziffer der fünfstelligen Zufallszahlen wurde für die Zuordnung zur Therapiemethode verwendet. Die Ziffer 0 und gerade Zahlen bedeuteten Shaving, eine ungerade Endziffer Nichtshaving.

Tabelle 6. Aufschlüsselung der Patienten mit frischem Knorpelschaden und nach Ersteingriff stabilem Kniegelenk. Für den 1. und 2. Eingriff sind die Diagnose, Therapie bzw. die Indikation angegeben. Ob das Shaving und die Gewebeprobenentnahme arthroskopisch oder per Arthrotomie durchgeführt wurden, ist in Bezug gesetzt

Zahl der Pat.	1. Eingriff				2. Eingriff		
	Diagnose	Therapie	Arthro-tomie	Arthro-skopie	Indikation	Arthro-tomie	Arthro-skopie
9	Patellafraktur	Osteosynthese	9		Metallentfernung		9
3	Tibiakopffraktur lat.	Osteosynthese	3		Metallentfernung		3
6	Dist. Abriß des med. Seitenbandes	Refixation		6	Metallentfernung		6
3	Prox. Abriß des med. Seitenbandes	Refixation		3	Metallentfernung		3
2	Sublux. der Patella	Funktionell		2	Elektiv: lat. Release		2
5N	Sublux. der Patella	Funktionell		5	Rezidiv: lat. Release		5
1	Ruptur der lig. patella	Refixation	1		Metallentfernung		2
2	Osteochond. Fraktur der lat. Kondylenkante	Refixation	2		Metallentfernung		2
1	Osteochond. Fraktur mit meniskotibial. Bandausriß	Refixation	1		Metallentfernung		1
2N	Anpralltrauma: Synovialriß	Funktionell		2	Meniskusresektion funktionell		2
34			16	18			34

Tabelle 7. Aufschlüsselung der Patienten mit frischem Knorpelschaden und verbleibender Minderung der Kniegelenkstabilität nach dem Ersteingriff. Für den 1. und 2. Eingriff sind die Diagnose, Therapiemethode bzw. die Indikation angegeben. Ob das Shaving und die Gewebeprobenentnahme arthroskopisch oder per Arthrotomie erfolgten, ist in Bezug gesetzt

Zahl der Pat.	1. Eingriff				2. Eingriff		
	Diagnose	Therapie	Arthrotomie	Arthroskopie	Indikation	Arthrotomie	Arthroskopie
3	Interlig. Riß des med. Seitenbandes	Naht, Refix.		3	Metallentfernung		3
4N	Distorsion des med. Seitenbandes	funktionell		4	Rearthroskopie		4
19	Komplexes Kniebandtrauma	Primäre Rekonstruktion	19		Metallentfernung	4	15
1N	Anpralltrauma mit rad. Außenmeniskusriß	Außenmeniskusresektion		1	Nachresektion am Meniskus		1
4N	Komplexes Kniebandtrauma	Primäre Rekonstruktion	4		Meniskusresektion		4
3N	VK-Riß	Naht	3		Rearthroskopie		3
1	Riß des lat. Seitenbandes	Refixation	1		Metallentfernung		1
4N	VK-Teilruptur	Funktionell		4	Rearthroskopie		4
39			27	12		4	35

Tabelle 8. Aufschlüsselung der Patienten mit einem alten Knorpelschaden. Für den 1. und 2. Eingriff sind die Diagnose, Therapiemethode bzw. die Indikation angegeben (*VK* vorderes Kreuzband, *N* Negativauslese)

Zahl der Pat.	1. Eingriff				2. Eingriff		
	Diagnose	Therapie	Arthrotomie	Arthroskopie	Indikation	Arthrotomie	Arthroskopie
7	Alter VK-Riß	Funktionell		7	Elektive VK-Rekonstr.	7	
18	Alter VK-Riß mit aktuellem Wegknickereignis	Sek. Rekonstr.	18		Metallentfernung		18
3	Rez. Sublux. der Patella	Funktionell		3	Elektiv: lat. Release		3
4	Rez. Sublux. der Patella	OP. nach Roux-Blauth	3	1	Metallentfernung		4
3N	Z.n. Anpralltrauma	Funktionell		3	Rearthroskopie		3
4N	Chondropathia Patellae	Funktionell		4	Rearthroskopie		4
5N	VK-Riß alt	Funktionell		5	Rearthroskopie		5
3N	Außenmeniskusschaden	Meniskusresektion		3	Außenmeniskus-Nachresektion		3
4N	Innenmeniskusschaden	Meniskusresektion		4	Hinterhorn-Nachresektion		4
3	Ruptur des med. Seitenbandes	Augmentation	2	1	Metallentfernung		3
2	Osteochond. Fragment (lat. Femurkondyle)	Refixation	2		Metallentfernung		2
3N	Alte VK-Teilruptur	Funktionell		3	Rearthroskopie		3
59			25	34		7	52

Die Zufallszahlen für zweitgradige Knorpelschäden wurden auf weiße, die für drittgradige Knorpelschäden auf rote Etikette geschrieben und auf Präparategläser mit Fixierungslösung geklebt. In einem Styroporbehälter wurden diese Präparategläser im Kühlschrank des Operationssaaltraktes gelagert.

Wurde ein Knorpelschaden II. oder III. Grades an der medialen Femurkondyle diagnostiziert und waren die Kriterien für den Studieneinlaßfilter erfüllt, wurde veranlaßt, daß der Behälter in den Operationssaal gebracht wurde. Je nach Knorpelschaden wurde ein weiß oder rot etikettiertes Präparateglas gewählt. Die Endziffer auf dem Etikett legte nach der obigen Zuordnung fest, ob geshaved wurde oder nicht.

2.2.3 Blockbildung – Stratifizierung

Bis zum Zeitpunkt der Randomisierung bestimmten Ein- und Ausschlußkriterien die Strukturgleichheit unter den Patienten. Bekannte Störgrößen sollten dadurch ausgeschlossen werden. Ein zu feiner Eingangsfilter hätte jedoch unter klinischen Bedingungen kaum eine genügend hohe Fallzahl zusammenkommen lassen. Aus diesem Grunde sollten nach dem Eingangsfilter und der Zäsur durch die Randomisierung Patienten nach Gemeinsamkeiten mit möglichem Einflußcharakter zusammengefaßt werden. Ziel dieser Blockbildung war es, daß die Patienten in den Untergruppen untereinander mehr Gemeinsamkeiten aufwiesen. Für diese Blöcke wurden in der Auswertung keine eigenen statistischen Testmethoden angewendet. Allein durch die aufgelisteten Rohdaten sollten Tendenzen der stratifizierten Einflußgrößen erkennbar werden.

Stratifiziert wurde nach den Einflußgrößen:

- frischer – alter Knorpelschaden;
- 1. Altersgruppe: 18–25 Jahre; 2. Altersgruppe: 26–30 Jahre;
- stabile Bandführung – Minderung der Stabilität;
- Intervall der Gewebeentnahme: 6–12 Monate, Intervall der Gewebeentnahme: mehr als 12 Monate.

2.2.4 Ethische Voraussetzungen

Die Zufallszuteilung zu den beiden alternativen Therapieformen war ethisch und juristisch vertretbar, da zu Beginn der Studie der wissenschaftliche Erkenntnisstand eine Gleichwertigkeit der Therapiemethoden nahelegte. Weiter wurden die ethischen Prinzipien für klinische Forschung an Menschen beachtet [147]:

- Es wurde ein sinnvoller Forschungsplan schriftlich fixiert.
- Nutzen und Schaden sowie Risiken der Methoden waren ausgewogen.
- Die Operationstechnik und die Aufarbeitung der Präparate wurden sicher beherrscht.
- Die Patienten konnten nach Information und Aufklärung einwilligen.

Der Studienplan wurde der örtlichen Ethikkommission vorgelegt. Eine Einverständniserklärung der Ethikkommission zu diesem Forschungsvorhaben wurde gegeben.

2.2.5 Patientenaufklärung

Bei der Aufklärung eines Patienten über die Behandlung eines Knorpelschadens wurde das Knorpelglätten und alternativ das unveränderte Belassen des Schadenzustands genannt. Die Patienten wurden informiert, daß wissenschaftlich noch nicht gesichert ist, welches Verfahren das bessere ist. Für den Fall eines viertgradigen Knorpelschadens wurde das Anbohren der subchondralen Knochenschicht als Therapie der Wahl genannt.

Für den Fall eines zweit- oder drittgradigen Knorpelschadens wurde die Zufallszuteilung zu den alternativen Behandlungsmethoden erläutert. Die Gewebeprobenentnahme wurde erklärt und dargelegt, daß die Auswirkung der Probenentnahme dem angestrebten Effekt bei der Durchbohrung der subchondralen Knochenschicht gleichkommt und dies beim viertgradigen Knorpelschaden sogar eine bevorzugte Therapiemethode ist. Zusätzlich wurde der Nutzen für den einzelnen Patienten und auch für die wissenschaftliche Studie genannt. Keiner der auf diese Weise informierten Patienten lehnte die Randomisierung oder die Probenentnahme ab.

2.2.6 Erhebungsbogen – Datensammlung

Der Zeitpunkt der Aufnahme in die Studie lag intraoperativ. Dabei waren das Beurteilen des Knorpelschadens in der Belastungszone der medialen Femurkondyle, das Festlegen des Therapieverfahrens und die Gewebeprobenentnahme die entscheidenden Schritte.

Unmittelbar nach der Operation wurden die genaue Lokalisation, das Flächenausmaß und der Grad des Knorpelschadens sowie die angewandte Therapie auf einem speziellen Erhebungsbogen aufgezeichnet. Das gesamte Verletzungsmuster am Knie wurde beschrieben. Die für die Studie erforderlichen persönlichen Daten eines Patienten wurden notiert. Wurden beim Ausfüllen des Erhebungsbogens Ausschlußkriterien bekannt, war dies der letzte Zeitpunkt und die einzige Voraussetzung, die Aufnahme in die Studie aufzuheben. Nach dem Ersteingriff bis zu einem möglichen Zweiteingriff wurden die Daten in Richtung der Zeitachse prolektiv gesammelt.

2.2.7 Fallzahlermittlung: Sequentieller Studienplan

Kein Patient, der durch die 1. Gewebeprobenentnahme in die Studie aufgenommen war, konnte jedoch zu einem Zweiteingriff verpflichtet werden. Ausgewertet werden konnten aber nur diejenigen Patienten, bei denen eine im zeitlichen Abstand folgende Kontrollprobenentnahme möglich war. Zu Beginn der Studie konnte daher nicht die benötigte Fallzahl festgelegt werden, die randomisiert werden mußte. Aus der gleichen Überlegung heraus war auch das Studienende nicht mit einem Datum zu terminieren. Die erforderliche Fallzahl wurde vielmehr sequentiell im Verlauf der Studie ermittelt.

Zur Orientierung hinsichtlich der Fallzahlbegrenzung wurden im Verlauf der Studie Zwischenergebnisse herangezogen. Hierzu diente der Wirkungsunterschied in der geshavten und nichtgeshavten Gruppe. Die Zahl der Zellnekrosen in der Schicht direkt unter dem Shavingniveau wurde mit der Zellnekrosenzahl in gleicher Schichthöhe bei der nichtgeshavten Gruppe verglichen. Durch diesen Vergleich konnten die Größe des Wirkungsunterschieds im Verlauf der Studie abgeschätzt und somit Rückschlüsse für die benötigte Fallzahl getroffen werden. Auch hatte sich bereits in der Pilotphase und im Verlauf der Studie abgezeichnet, daß die Zahl der Zellnekrosen im Ausgangsbefund und im Kontrollbefund in Form einer Normalverteilung vorlag.

2.2.8 Negativauslese

In der Pilotphase der Studie hatte sich gezeigt, daß eine prospektive Studie zur Prüfung der Auswirkung des Shavings oder Nichtshavings durchgeführt werden konnte. Bei vielen Patienten war nämlich bereits zum Zeitpunkt des Ersteingriffs ein elektiver Zweiteingriff durch eine Metallentfernung vorbestimmt. Nach einem Intervall von ca. 12 Monaten und mehr wurden oft vorgeplante Zweiteingriffe zur Entfernung von Refixationsschrauben und Klammern durchgeführt. Auch andere Indikationsstellungen ergaben sich für Zweiteingriffe. Bereits vor Studienbeginn war abzusehen, daß in überwiegendem Maß keine Negativauslese zu den Folgeeingriffen kam.

Andererseits konnte beim Patienten wegen einer erneuten traumatischen Schädigung des Kniegelenks ein Zweiteingriff indiziert sein. Das zuvor betroffene Knorpelareal konnte erneut geschädigt werden. Ob in einem solchen Fall mit der Testmethode nur die Auswirkung des gewählten Therapieverfahrens oder die Auswirkung der hinzugekommenen Störgröße miterfaßt wurde, war bei einer derartigen Konstellation nicht mehr zu differenzieren. Eine spezielle Kennzeichnung sollte jederzeit eine separate Analyse dieser Fälle ermöglichen. Die Ergebnisse von Patienten, die nicht planmäßig oder wegen und mit Schmerzen zum Zweiteingriff kamen, wurden mit einem N markiert (Tabelle 6–8, 22, 23, 27). Zusätzlich bestand noch die Möglichkeit, daß all diejenigen Patienten, denen es nach der Therapie schlechter ging, nicht mehr in unsere Klinik kommen wollten. Dieses Verhalten hätte erst dann die Aussage der Studie verfälscht, wenn dies einseitig viele Patienten einer der beiden Therapiegruppen vorgezogen hätten. Eine fachgerechte Betreuung der Patienten im Rahmen einer poliklinischen Kniesprechstunde half dies zu vermeiden. Andererseits wurde durch diese Nachbetreuung der Patienten festgestellt, daß die Gruppe der bisher nicht durch eine 2. Gewebeprobe komplettierten Patienten sich in ihrem subjektiven Befinden global nicht anders verhält als die Gruppe der Nachkontrollierten.

2.2.9 Patientencompliance

Grundvoraussetzung für die erforderliche Patientencompliance war eine adäquate Information des Patienten beim Aufklärungsgespräch zur Operation. Die angestrebten Ziele der beiden Therapieverfahren wurden den Patienten verständlich erläutert. Eine spezielle Betreuung der Patienten war nach Entlassung aus stationärer Behandlung im Rahmen einer Kniesprechstunde in der Chirurgischen Universitätsklinik möglich. Die Studie führte dazu, daß relativ viele Patienten einen erforderlichen Zweiteingriff an der Chirurgischen Universitätsklinik in Göttingen durchführen ließen. Der individuelle Vorteil für die Patienten war dabei, daß die Befunde des Ersteingriffs genauestens dokumentiert und daß daraus Schlußfolgerungen für berufliche und sportliche Verhaltensweisen gegeben werden konnten.

2.2.10 Studienausgänge

Im Versuchsplan mußte die Möglichkeit vorgesehen werden, daß nach der Aufnahme in die Studie beim Zweiteingriff der gesamte Knorpelbelag im geschädigten Areal aufgebraucht war. Die Testmethode der Studie hätte dann nicht mehr angewandt werden können. Selbstverständlich mußten diese Fälle – gleichgültig welches Therapieverfahren angewandt worden war – in der Auswertung berücksichtigt werden. Es war vorgesehen, derartige Studienausgänge separat aufzulisten.

Sollte beim Zweiteingriff der Kontrollstanzzylinder zufällig genau das zuvor gestanzte punktuelle Areal treffen, so war dies durch die Testmethode aufdeckbar. Elektronenmikroskopisch läßt sich metaplastisches Knorpelersatzmaterial von originärem hyalinem Gelenkknorpel unterscheiden. In der statistischen Auswertung konnte ein derartiger Fall nicht berücksichtigt werden. Dieser Ausgang war durch das methodische Vorgehen in der Studie bedingt und sollte beschrieben werden. Bereits hier sei vermerkt, daß solche Fälle von Studienausgängen nicht aufgetreten waren.

2.2.11 Spezifische Komplikationen

Vor allem bei der arthroskopischen Stanzzylinderentnahme mußte beachtet werden, daß die Stanze senkrecht in der Schadenszone aufgedrückt wurde. Hierzu mußte das Gelenk oftmals maximal gebeugt werden. Der Versuch, einen Gewebezylinder in tangentialer Richtung auszustanzen, konnte dazu führen, daß die Stanze an der subchondralen Knochenschicht abglitt und eine tiefe Furche im Knorpel hinterließ. Dies ereignete sich einige Male bei Probeentnahmen aus sehr weit dorsal gelegenen Arealen der Belastungszone bei Polyorganspendern. Solche tangentialen Gewebeausschnitte mußten verworfen werden, da keine eindeutige Schichtzuordnung möglich war. Unter klinischen Bedingungen wurde niemals eine Gelenkfläche durch die Knorpelstanze derart verletzt. Spezifische Komplikationen traten weder durch das Shaving noch bei der Probeentnahme auf.

2.3 Morphologische und statistische Analytik

2.3.1 Zielkriterium: Knorpelzellnekrose

Mit der TEM kann die Feinstruktur eines Gewebes bildlich dargestellt werden. Diese objektiven Befunde können dokumentiert werden und besitzen für den einzelnen Fall eine sehr hohe Aussagekraft. Sind jedoch viele Einzelfälle zu bewerten, so fehlt den morphologischen Befunden ein Maßstab, der gleichmäßig und reproduzierbar für alle Einzeluntersuchungen angelegt werden könnte. Statistische Analysen setzen jedoch derartige Eigenschaften der Merkmale voraus und erlauben dann bei einer niedrigen, aber hinreichend hohen Fallzahl eine abgesicherte Aussage. Ein sensitives und quantitatives Merkmal mit stetiger Merkmalausprägung, das durch einen Meßvorgang im TEM-Bild zu erfassen war, lag nicht vor, wogegen eine quantitatives Merkmal mit diskreter Ausprägung, das durch einen Zählvorgang eindeutig und reproduzierbar ausgewertet werden konnte, jedoch vorlag. Die

Testmethode lieferte hierzu das Bild der Knorpelzellnekrose. Dieses Zielkriterium wurde für die statistische Analyse ausgewählt.

Zunächst galt es, die morphologischen Bilder zu definieren, die in einem Meßschnitt als Knorpelzellnekrose gezählt werden sollten. Eine aufgelöste Zellkern- und Zytoplasmamembran wurde als eindeutiges Zeichen der Nekrose bewertet [79]. Das Chromatin des Zellkerns konnte dabei im Sinne einer Karyolyse diffus zerstreut sein. Auch verstärktes Zusammenballen von Chromatin im Sinne einer Kernpyknose wurde als Zielkriterium gewertet. Als 3. klassisches Bild der Zellkernnekrose wurde der Zustand einer Karyorrhexis gezählt. Voraussetzung war immer ein umfassender Kernmembranzerfall. Aufgrund von Literaturangaben wurde ein massenhaftes Auftreten von amorphem osmophilem Material in einer territorialen Matrix ebenfalls als Zellnekrose gezählt [97, 138]. Nicht hinzugezählt wurden pathologisch veränderte Zytoplasmaanschnitte, bei denen ein Kernanschnitt nicht vorhanden war [23].

2.3.2 Qualitätskontrolle: Zielkriterium

In der Pilotphase der Studie wurden nach den Definitionen der Zellnekrose 50 Meßschnitte von 2 unabhängigen Untersuchern bei elektronenoptischer Betrachtung ausgewertet. Wie in der Studie wurden die Zellnekrosen in 36 festgelegten Feldern eine Präparateträgernetzes ausgezählt. Die Zuverlässigkeit der Definition für die Knorpelzellnekrose sollte überprüft werden. Bei 47 Meßschnitten wurde in allen Fällen eine gleichlautenden Zellnekrosenzahl ermittelt.

Zweimal differierten die Zellnekrosenzahlen bei den beiden Untersuchern um eine Einheit in gleichen Feldern. Einmal lag bei einem Meßschnitt bei gleicher Endzahl der Zellnekrosen eine unterschiedliche Zählung in 2 benachbarten Feldern vor. Zum Zeitpunkt des Studienbeginns war damit eine hohe Zuverlässigkeit der Definition des ausgewählten Zielkriteriums gegeben.

2.3.4 Meßschnitt

Für das Zielkriterium Knorpelzellnekrose mußte das Umfeld für standardisierbare und reproduzierbare Auswertungen abgesteckt werden [57, 58, 124]. Entscheidende Bedingungen ließen sich vom Leitgedanken der Studie ableiten: Kann Knorpelshaving den Ablauf einer traumatischen Knorpelschädigung günstig beeinflussen? Grundsätzlich war der Vergleich der geshavten mit der nichtgeshavten Gruppe angezeigt. Zudem mußten die Ausgangswerte der beiden Therapiegruppen miteinander verglichen werden. Durch diesen Vergleich wurde ermittelt, ob zu Beginn auch auf dieser Ebene gleiche Ausgangsbedingungen vorlagen.

Der entscheidende Vergleich und das Festhalten von Unterschieden war nach dem Erhalt der 2. Gewebeproben vorzunehmen. Ab diesem Zeitpunkt war der Vergleich sowohl zwischen den Therapiegruppen als auch der Vergleich mit den Ausgangsbefunden für die Aussage zum Wirkungsunterschied der Therapiemethoden von Bedeutung. Der Leitgedanke bestimmte in Verbindung mit der Testmethode weitere Einzelheiten: Von Interesse war der ultrastrukturelle Zustand des Gewebes unmittelbar unter dem Shavingniveau

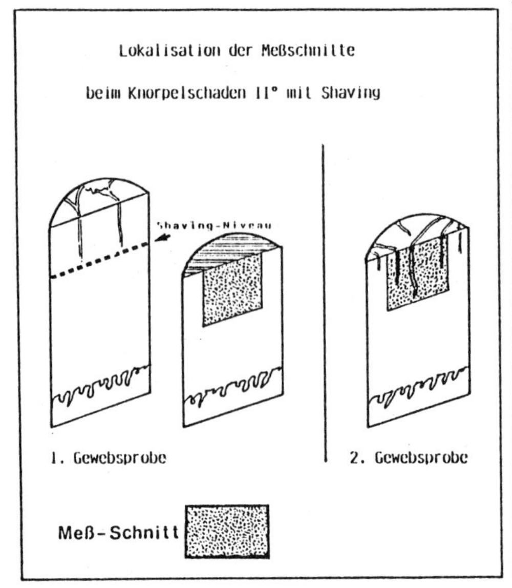

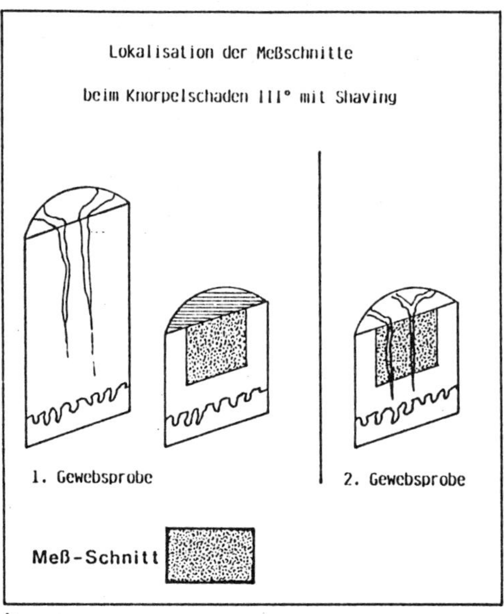

Lokalisation der Meßschnitte

beim Knorpelschaden II° mit Nicht-Shaving

Imaginäre Shaving-Linie

1. Gewebsprobe

2. Gewebsprobe

Meß-Schnitt

c

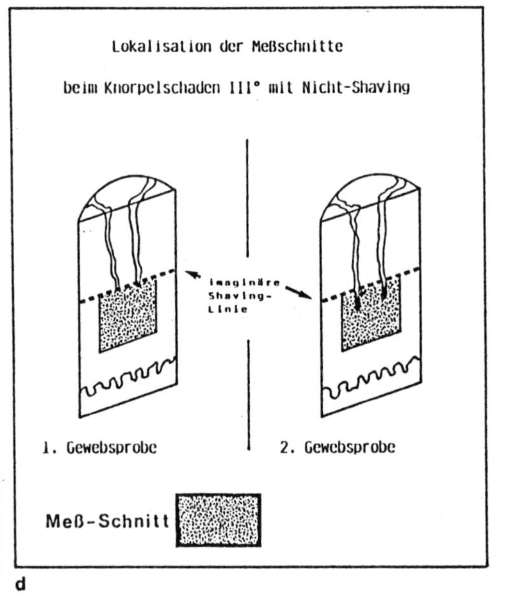

Abb. 4. Die obere Begrenzung des Meßschnittes in den Knorpelstanzzylindern wurde beim Shaving (**a, b**) durch das Shavingniveau festgelegt. Die obere Begrenzung des Meßschnittes bei Nichtshaving bildete ein imaginäre Shavinglinie (**c, d**). Verglichen wurden jeweils Meßschnitte gleicher Lokalisation aus der 1. und 2. Gewebeprobe

(Abb. 4 a, b). Beim nichtgeshavten Knorpelschaden war es die Gewebeschicht, die in gleicher Höhe wie die nun oberflächenbildende Schicht der Shavinggruppe lag. In der Nichtshavinggruppe war diese Zone aber von geschädigtem Knorpelgewebe bedeckt (Abb. 4 c, d) Eine imaginäre Shavinglinie wurde aus dem Mittelwert der Knorpelschichthöhe nach tatsächlichem Shaving gezogen. Dabei mußten die Ausgangsschichthöhen der Stanzzylinder gleich sein (Abb. 5 a, b). Die vergleichenden Schichthöhenmessungen wurden mit dem Stereomikroskop des Trimmgerätes durchgeführt. Als Nullinie wurde dabei die Grenze zwischen Knorpel und Knochen angenommen. Die obere Grenze des Meßschnittes war in der Shavinggruppe das tatsächliche Shavingniveau. In der Nichtshavinggruppe wurden die eingebetteten Präparate bis zum imaginären Shavingniveau abgetrimmt.

Die Präzision der Schichthöhenmessung wurde durch eine Mikrometerskala erreicht, die fokussierbar in einen Mikroskoptubus eingebaut war. Der Tubus konnte in das Augenstück des Stereomikroskops eingewechselt werden. Die Mikroskala umfaßte 5 mm, die in 100 Teile zu je 0,05 mm unterteil waren. Von einer Präparatpyramide mit einer auf diese Weise definierten Anschnittfläche wurden Ultradünnschnitte von 60–90 nm Schnittdicke angefertigt.

Zusätzliche Bedingungen für eine standardisierte Messung des Zielkriteriums Zellnekrose wurden durch die statistische Analyse vorgegeben. Das Zielkriterium mußte in einem immer gleich großen Gewebefeld ausgezählt werden. Die elektronenoptische Aufarbeitung kam dem entgegen. Der ultradünne Meßschnitt wurde aus dem Trog des Diamantmessers mit einem Gitternetzpräparateträger aufgenommen. Das Netz dieser Präparateträger besitzt 200 Maschen und Maschenfelder mit einem Flächenmaß von 85 x 85 µm. In 36 Feldern eines Ultradünnschnitts wurden die Zellnekrosen gezählt. Standardmäßig wurde mit dem Absuchen des linken oberen Maschenfeldes begonnen, das vollständig von solider Knorpelmatrix bedeckt war [113]. Durch die Zielpräparation und das Zieltrimmen der Präparate war gewährleistet, daß die obere Begrenzung des Dünnschnittes das Shavingniveau bzw. die imaginäre Shavinghöhe markierte. Zur Rückversicherung und Orientierung, daß der Zählvorgang tatsächlich an der Shavinglinie oder der vergleichbaren Höhenlinie gestartet wurde, war die Flächenform des Meßschnittes nach einem unmittelbar vor- oder nachgeschalteten Semidünnschnitt zeichnerisch festgehalten worden. Durch eine Übersichtseinstellung im Elektronenmikroskop oder anhand von markanten Kanten des Meßschnittes war jeweils eine sichere Orientierung möglich. An das erste Maschenfeld angrenzend wurden, geradlinig nach rechts oder versetzt, weitere 5 Felder abgesucht. Insgesamt wurden 6 Reihen mit je 6 Feldern nach Knorpelzellen untersucht. Für jedes erste Feld einer Reihe wurden die beiden Koordinationszahlen der Bildeinstellkurbel des Elektronenmikroskops (EM) notiert. Dies erlaubte eine präzise Rückstellung in die jeweilige Reihenausgangsposition. Doppelzählungen oder Reihensprünge wurden dadurch vermieden.

Um nicht untereinander abhängige Werte zu erhalten, konnte nach Überlegungen der statistischen Analyse nur jeweils ein einziger Meßschnitt der Ausgangs- und Kontrollgewebeprobe bewertet werden. Nach ca. 10 Ultradünnschnitten, die als Anschnitte nicht bei der statistischen Analyse berücksichtigt wurden, galt der Schnitt als Meßschnitt, der im TEM vollständig auszuzählen war. Die 36 Felder waren dabei auf einem Areal von 0,5625 mm^2 angelegt.

Zur Entscheidung, ob eine Zellnekrose vorlag, durften am TEM alle Vergrößerungsstufen benutzt werden. Sämtliche Meßschnitte wurden von 2 Untersuchern simultan beurteilt.

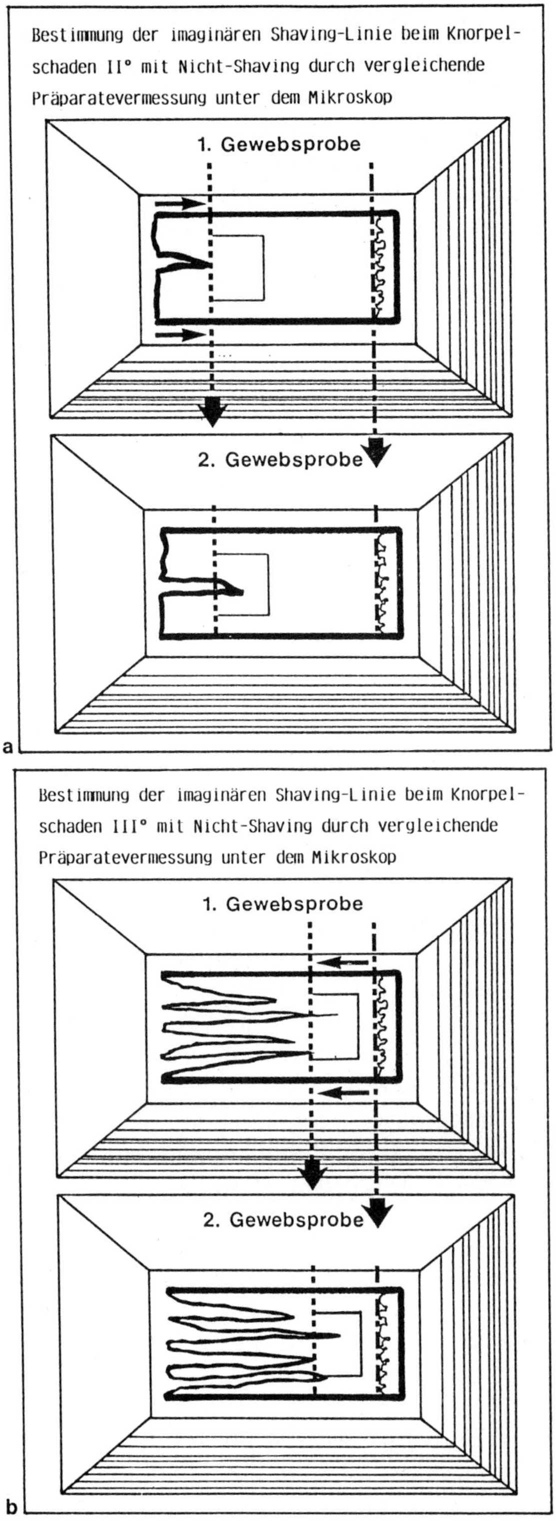

Bestimmung der imaginären Shaving-Linie beim Knorpelschaden II° mit Nicht-Shaving durch vergleichende Präparatevermessung unter dem Mikroskop

1. Gewebsprobe

2. Gewebsprobe

a

Bestimmung der imaginären Shaving-Linie beim Knorpelschaden III° mit Nicht-Shaving durch vergleichende Präparatevermessung unter dem Mikroskop

1. Gewebsprobe

2. Gewebsprobe

b

Abb. 5 a, b. Aufsicht auf die getrimmten Pyramidenspitzen. Beim Knorpelschaden II. Grades wurde die imaginäre Shavinglinie in der 1. Gewebeprobe durch die Einrißtiefe der Knorpeloberfläche festgelegt (**a**). Beim Knorpelschaden III. Grades wurde die imaginäre Shavinglinie durch eine Abstandsvermessung von der Linie der subchondralen Verknöcherung festgelegt (**b**)

Dabei bediente ein Untersucher das EM, regulierte den Elektronenstrahl, wählte die Vergrößerungen und steuerte die Felder in den Elektronenstrahl. Der 2. Untersucher markierte auf dem Dokumentationsbogen, der eine Flächenaufteilung wie der Präparateträger enthielt, die 36 Felder und die jeweiligen Zellnekrosezahlen. Über die Sichtfenster am EM hatten beide Untersucher Einblick auf das EM-Bild. Zur Qualitätssicherung war vor und während der Auszählung nicht bekannt, ob das Präparat aus einem zuvor geshavten oder nichtgeshavten Areal stammte [135].

2.3.5 Qualitätskontrolle: Meßschnitt

Da die Auszählung der Maschenfelder eines Meßschnittes nach Zellnekrosen eine spezielle Testmethode der Studie war, wurde in der Pilotphase geprüft, ob die alleinige Information aus dem Meßschnitt die Aussage lieferte, die mit vor- und nachgeschalteten Serienschnitten zu ermitteln war.

Bei 50 Knorpelgewebeproben wurden jeweils 21 Serienschnitte angefertigt. Alle Schnitte wurden nacheinander auf Präparateträgern durch zentrale, mit Formvar befilmte Öffnungen aufgefangen. Der 11. Schnitt in Folge wurde als zentraler Meßschnitt vollständig nach Zellnekrosen abgezählt. 46mal blieb die Aussage des Meßschnittes auch nach zusätzlicher Information durch die angrenzenden Serienschnitte gültig. Nur in 4 Fällen ergab sich aus der Zusatzinformation der Serienschnitte eine abweichende Bewertung. Diese Qualitätskontrolle erlaubte es, den Meßschnitt zur Grundlage der statistischen Analyse in der Studie zu bestimmen. Zusätzlich wurden durch eine Beschreibung des morphologischen Umfelds der Knorpelzellnekrose die Aussage der Studie abgesichert.

2.3.6 Dokumentationsbogen

Die Lageposition und damit die Zahl der Zellnekrosen pro Feld und die Absuchrichtung während der EM-Betrachtung wurden auf einem Dokumentationsbogen notiert. Auf diesen Bögen war in vergrößertem Maßstab das Maschengitternetz eines Präparateträgers aufgezeichnet. 36 Felder mit obengenannter Lagebeziehung wurden auf jedem Dokumentationsbogen eingetragen. Pro Patient wurden 2 derartige Dokumentationsbögen angefertigt. Ein Bogen galt für die Auszählung des Ausgangsbefundes. Mit dem 2. Bogen wurde der Kontrollbefund erfaßt und die definitive Auswertung möglich.

2.3.7 Beobachtungseinheit

Die Kombination der Meßschnitte der Ausgangsgewebeprobe und der Kontrollgewebeprobe mit den dazugehörigen Dokumentationsbögen bildete eine Beobachtungseinheit. Eine Beobachtungseinheit entsprach bisher in der Studie der Zahl der betroffenen Kniegelenke. Auch die Patientenzahl war damit identisch, da bisher kein Patient mit beiden Kniegelenken in der Studie erfaßt wurden. Die Beobachtungseinheit war die kleinste Einheit, ab der eine statistische Auswertung durchgeführt wurde.

2.3.8 Zielgröße: Differenzbetrag der Ausgangszellnekrosenzahl minus Kontrollzellnekrosenzahl

Für die statistische Berechnung war eine Zielgröße ohne Klartext erforderlich. Diese Größe wurde festgelegt als Differenzbetrag der Knorpelzellnekrosenzahl im Meßschnitt des Ausgangsgewebes abzüglich der Zellnekrosenzahl im Meßschnitt des Kontrollgewebes. Durch diese gegenseitige Abhängigkeit berücksichtigte dieser Wert die feinen ultrastrukturellen Schwankungen, die jede Beobachtungseinheit noch in die Studie miteinbrachte. Es ergab sich dadurch zunächst ein Meßwertepaar, das den Knorpelgewebezustand pro Beobachtungseinheit bei Beginn und zum Zeitpunkt der Kontrolle berücksichtigte. Die nach Subtraktion erhaltene Zielgröße war gleichzusetzen mit der Auswirkung des jeweiligen Therapieverfahrens.

2.3.9 Auswahl des statistischen Tests

Pro Beobachtungseinheit waren jeweils 2 Meßwerte zu ermitteln. Der Meßwert (Zellnekrosenzahl) der Ausgangsgewebeprobe war ein unabhängiger Wert, da für seine Bestimmung jeweils nur ein Meßschnitt ausgezählt wurde. Gleiches galt für den Meßwert der Kontrollgewebeprobe. Untereinander waren die beiden Werte jedoch abhängig und bildeten ein Meßwertepaar. Der Differenzbetrag aus dem Meßwertepaar war eine bewertbare Variable. Es handelte sich dabei um eine quantitative Merkmalausprägung der Zellnekrosen mit diskretem Charakter, die durch einen Zählvorgang zu ermitteln war [82]. Für solche Meßwerte eignete sich zur statistischen Berechnung bei einer Fallzahl von über 25 die Standardnormalverteilung. Dieses statistische Testverfahren wurde letztlich benutzt. Da aufgrund der sequentiellen Fallzahlermittlung zunächst nicht abzusehen war, ob die Fallzahl von 25 überschritten wurde, war auch noch der Wilcoxon-Test als möglicher statistischer Test im Studienprotokoll vorgesehen.

2.3.10 Hypothesengewinnung

Um neben der morphologischen Auswertung die rechnerische Analyse der statistischen Bewertung später verbal ausdrücken zu können, war zu Studienbeginn das Formulieren von Hypothesen notwendig. Es wurde zunächst angenommen, daß die Änderung in der Anzahl der Knorpelzellnekrosen zwischen Ausgangsbefund und Kontrollbefund rein dem Zufall unterliegt. Folgerichtig konnte dann angenommen werden, daß ebenso oft eine Zunahme als auch eine Abnahme der Zellnekrosenrate zu messen war. In der Mitte zwischen den Zu- und Abnahmen mußten die Fälle liegen, die nach der Absolutzahl der Zellnekrosen unverändert blieben.

Aus dieser Überlegung ergab sich die *Nullhypothese*: Es besteht kein Unterschied zwischen Shaving und Nichtshaving in der Auswirkung auf die Knorpelzellnekrosenrate. Die Knorpelzellnekrosenrate unterliegt dem reinen Zufall.

Die Alternative sollte dann sein: Es herrscht nicht der reine Zufall, sondern die Änderung der Zahl der Knorpelzellnekrosenrate beruht auf den unterschiedlichen Therapieverfahren. Speziell nach Shaving treten vermehrt Knorpelzellnekrosen auf.

2.3.11 Signifikanzstufe – Nullhypothese

Der Studienplan war so angelegt, daß eine unterschiedliche Beeinflussung der Zellnekrosenrate durch Shaving oder Nichtshaving im Meßschnitt aufgezeigt werden konnte. Es war nicht beabsichtigt, die eine oder andere Therapiemethode aufgrund dieses Studienplans als die einzig richtige zu erklären und die andere als obsolet abzutun. Dazu lieferte die erreichte Fallzahl keine Grundlage. Vielmehr wurde aufgrund des Studienplans und der angestrebten Fallzahl eine entscheidende Aussage dahingehend erwartet, ob die Therapieverfahren die Knorpelzellnekrosenrate unterschiedlich beeinflussen. Ob ein derartiger Unterschied vorlag, sollte mit der Aussagekraft des statistischen Tests belegt werden. Zur Ablehnung der Nullhypothese wurde daher die Irrtumswahrscheinlichkeit auf $a = 0{,}05$ festgelegt. Beim Überschreiten dieser Signifikanzstufe sollte die alternative These akzeptiert werden. Vereinfacht ausgedrückt bedeutete dies, daß die Nullhypothese durch die Testmethode unter 100 Fällen 5mal fälschlicherweise widerlegt werden konnte. Erst mit 6 Widerlegungen sollte die Nullhypothese abgelehnt werden.

Aufgrund der Verteilung der Zu- oder Abnahme der Zellnekrosenrate sollte dann die Überlegenheit der einen oder anderen Therapiemethode schlußgefolgert werden.

2.3.12. Intakter Knorpel zum Vergleich

Im Verlauf der Studie wurde intakter Gelenkknorpel aus der Belastungszone der medialen Femurkondyle untersucht. Die Knorpelproben wurden von unfalltoten Polyorganspendern gewonnen [92]. Für die beschriebene Analyse sollte zum Vergleich mit der geshavten und nichtgeshavten Gruppe das reguläre Ultrastrukturbild des Knorpels zur Verfügung stehen [73, 80, 96, 100, 101].

An den Knorpelstanzzylindern wurde die Schichthöhe des Knorpels unter 40facher lichtmikroskopischer Vergrößerung mit einer Mikrometerstrichplatte gemessen. Es ergab sich ein Mittelwert von 3,6 mm Knorpelschichthöhe. Die Extremwerte lagen bei 4 und 2,8 mm [65, 74].

In den Meßschnitten sollte wie bei der Testmethode der Studie die Zellnekrosenzahl gezählt werden. Es wurden Meßschnitte festgelegt, die aus einer vergleichbaren Schichthöhe wie beim zweitgradigen Knorpelschaden entnommen wurden. Diese stammten aus der oberen radiären Zone. Zum Vergleich mit den Meßschnitten beim drittgradigen Knorpelschaden wurden Meßschnitte aus der tiefen radiären Zone entnommen (Abb. 6).

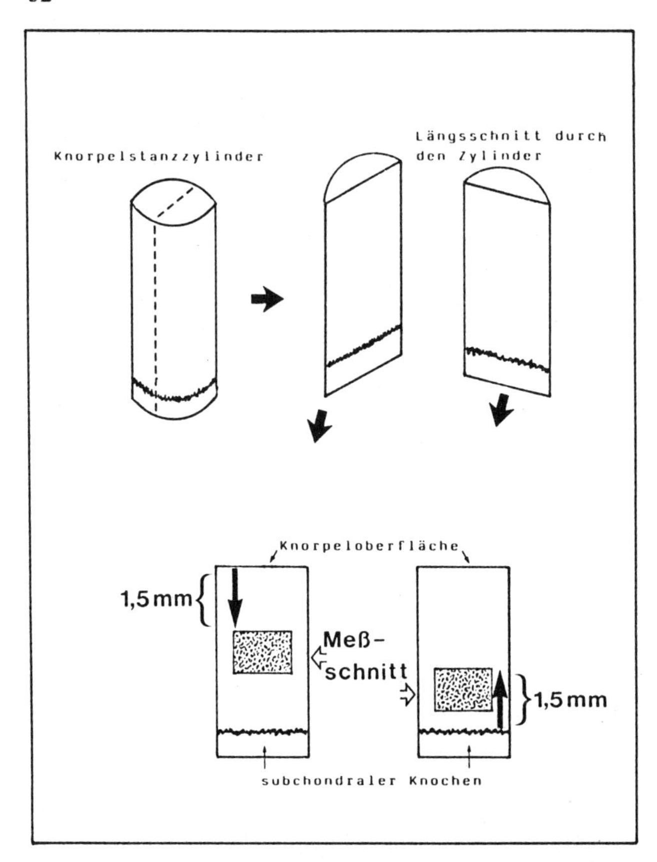

Abb. 6. Bestimmung der Meßschnitte beim intakten Knorpel. Die obere Begrenzung des Meßschnittes, der dem Meßschnitt beim Knorpelschaden II. Grades vergleichbar war, wurde 1,5 mm unterhalb der Knorpeloberfläche festgelegt. Die obere Begrenzung des Meßschnittes, der dem Meßschnitt beim Knorpelschaden III. Grades vergleichbar war, wurde 1,5 mm von der subchondralen Grenzschicht aus nach oben festgelegt

3 Ergebnisse

3.1 TEM-Bilder der Knorpelzellnekrose – Grundlage der statistischen Aussage

Die morphologischen Substrate, die als Knorpelzellnekrosen gewertet wurden, zeigen beispielhaft die Abb. 7 und 8. Die Zellnekrosen erfüllen die Definitionsmerkmale der umgreifend aufgelösten Zellmembran. Die Zellorganellen sind zerstört. Das Nebeneinander von vitalen und abgestorbenen Zellen bestätigte indirekt, daß die Zellnekrose kein Artefakt des Fixierungsvorgangs war.

Nicht immer sprachen die morphologischen Verhältnisse so eindeutig für oder gegen das Vorliegen einer Knorpelzellnekrose. Ein Substrat wie in Abb. 9 wurde als Zellnekrose gezählt. Es erfüllte die geforderten Definitionsmerkmale des massenhaften Auftretens von Zellabbauprodukten und ließ zusätzlich die Zellhofbegrenzung noch erkennen. Durch die Definitionsmerkmale ausgegrenzt und nicht als Knorpelzellnekrose bewertet wurden Substrate wie in Abb. 10. Sicherlich liegt auch hier massenhaft Knorpelzelldetritus vor. Eine territoriale Matrixbegrenzung ist jedoch nicht erkennbar. Ein Werten dieser Bilder als Knorpelzellnekrose hätte die Bewertungsgrenzen verwischt und zu nichtreproduzierbaren Ergebnissen geführt. Leere Zellterritorien wurden in der Studie nicht als Knorpelzellnekrosen gewertet (Abb. 11). Serienschnitte in der Pilotphase hatten zwar meistens belegt, daß leere Zellhöfe Hinweise für Zellnekrosen sind. Die Abb. 12 aus der Schnittreihe zeigt eindeutig, daß die Zelle dieses Knorpelhofs untergegangen ist. Andererseits bestätigten Schnittserien die Berechtigung einer derartigen Bewertung nicht. Vermeintlich leere Zellhöfe waren oft in tieferen Schnittebenen von einer intakten Knorpelzelle bewohnt.

3.2 Meßwerte

Beim intakten Knorpel lag der Durchschnittswert für Zellnekrosen aus Meßschichten der tieferen radiären Schicht bei einem Wert von 1,1. In der oberen radiären Schicht traten vergleichsweise nur halb so viele Knorpelzellnekrosen auf. Der Durchschnittswert lag hier bei 0,61.

Beim zweitgradigen Knorpelschaden wurden die Meßschnitte gleichfalls aus der oberen radiären Schicht ausgewählt. Der Zellnekrosenwert der Meßschnitte beim zweitgradigen Knorpelschaden lag bei 4,1. Diese Zahl ergab sich aus den zusammengefaßten Durchschnittswerten der Tabellen 9 und 10. Nach der Unfallschädigung waren durchschnittlich 6,7-mal mehr Zellnekrosen als in gleicher Höhe beim intakten Knorpel vorhanden.

Ob nun die Knorpelschädigung bis zu 14 Tage oder bis zu 6 Monaten zurücklag, brachte bezüglich der Zellnekrosenzahl keine Differenz in die Studie ein. Diese Aussage läßt sich aus der weiteren Unterteilung der Meßwerte in den Tabellen 9 und 10 entnehmen.

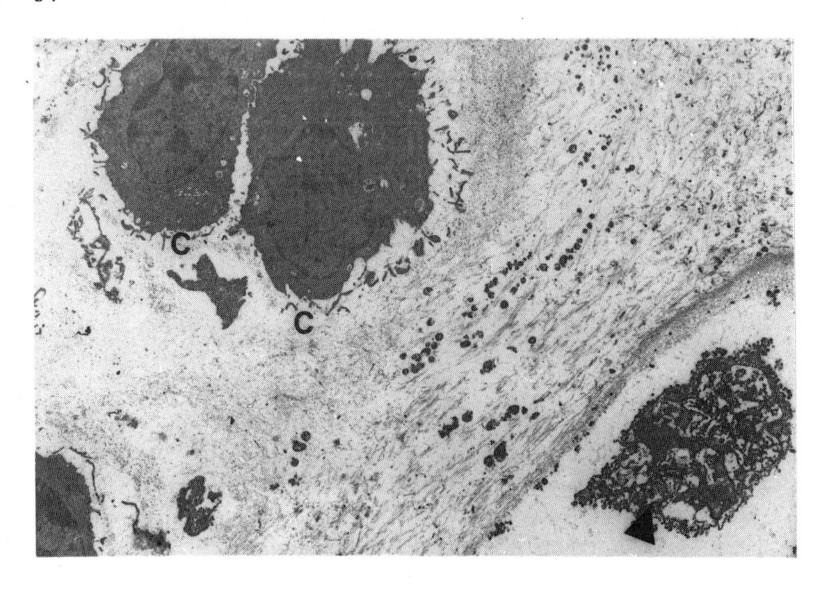

Abb. 7. Der Ausschnitt aus einem Meßschnitt beim Knorpelschaden III. Grades 1 1/2 Jahre nach dem Shaving zeigt nebeneinander vitale Knorpelzellen (*C*) und eine Knorpelzellnekrose (▲). In der nekrotischen Zelle sind die Zellorganellen nicht mehr differenzierbar. Die Zellmembran ist aufgelöst. Patient 21 Jahre x 18 480

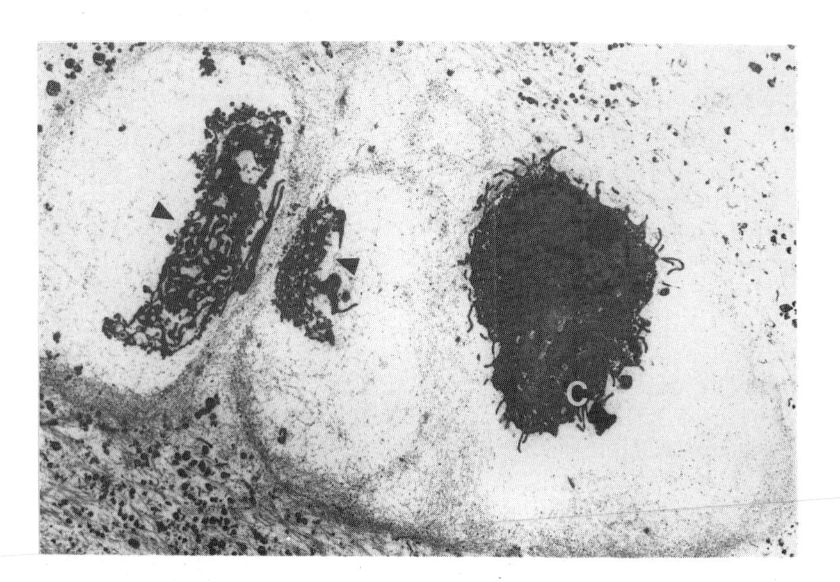

Abb. 8. Der Ausschnitt aus einem Meßschnitt beim zweitgradigen Knorpelschaden 2 Jahre nach dem Shaving zeigt 2 Zellnekrosen (▲). Die nekrotischen Knorpelzellen liegen in Zellhöfen, die gegenüber der interterritorealen Matrix deutlich abgegrenzt sind (*C* = vitale Knorpelzelle). Patient 28 Jahre x 14 520

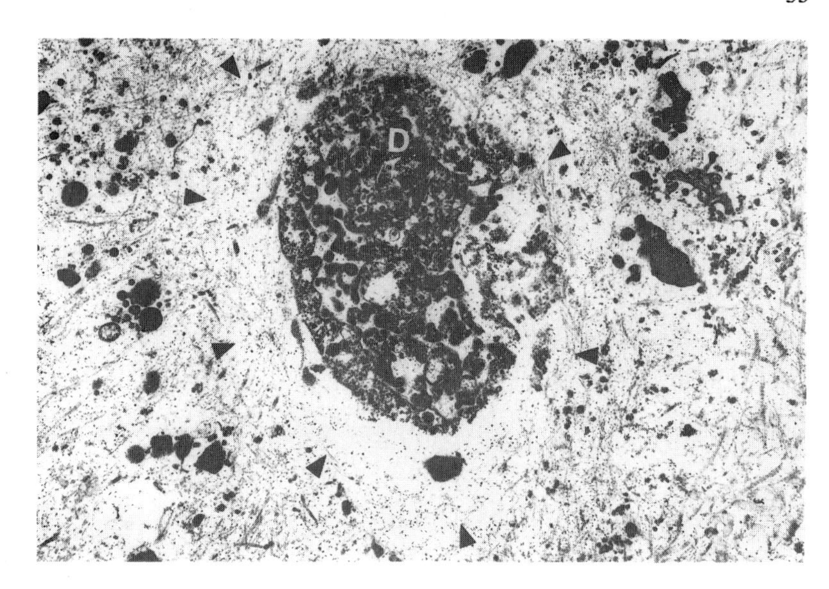

Abb. 9. Das Bild aus einem Meßschnitt beim Knorpelschaden III. Grades 1 Jahr nach dem Shaving zeigt massenhaft Zelldetritus in einer noch erkennbaren territorealen Begrenzung (▲▲). Derartige Befunde wurden als Knorpelzellnekrose gezählt. Patient 21 Jahre x 8 450

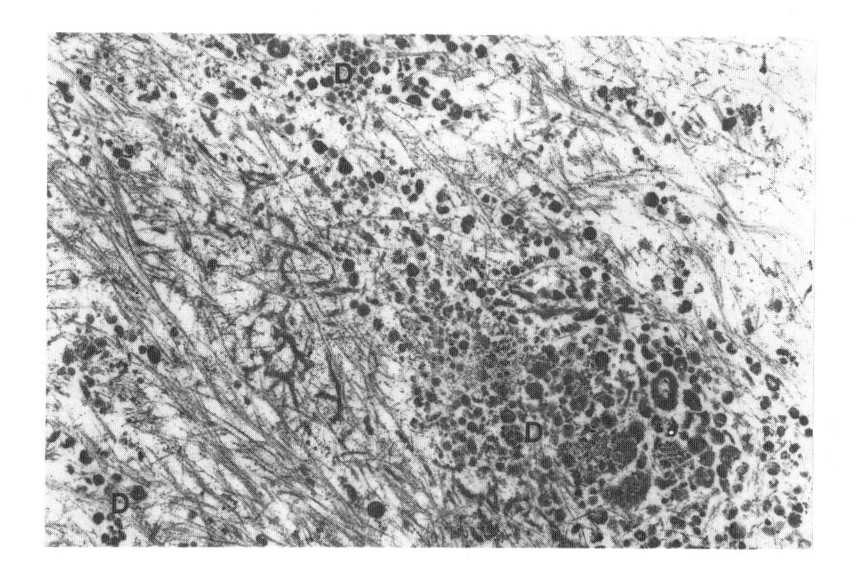

Abb. 10. Ausschnitt aus einem Meßschnitt 1 1/2 Jahre nach dem Shaving beim Knorpelschaden III. Grades: Diese Befunde wurden nicht als Knorpelzellnekrosen gewertet. Es liegt zwar Zelldetritus (*D*) vor, eine Umgrenzung durch einen Knorpelzellhof ist jedoch nicht zu erkennen. Patient 24 Jahre x 7 600

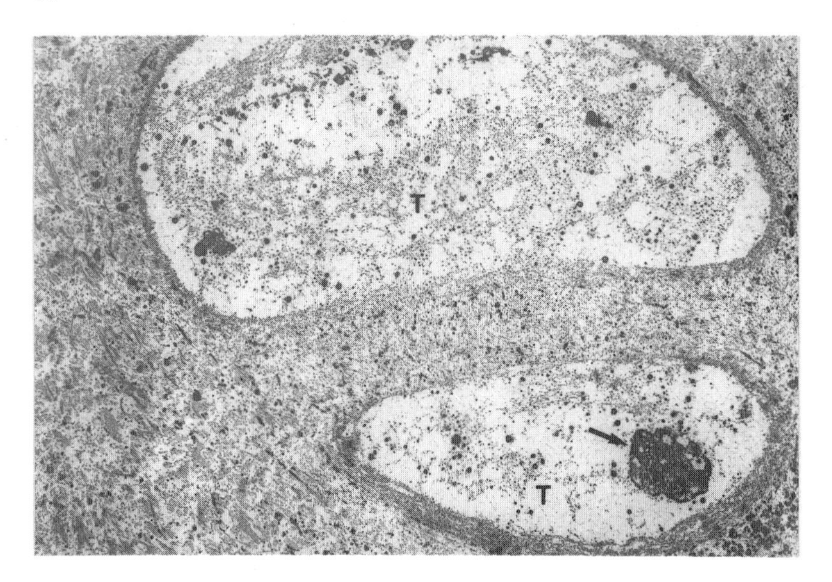

Abb. 11. Anschnitte von leeren Zellhöfen (*T*) oder Substraten (➛), die über die Knorpelzelle keine klare Aussage lieferten, wurden nicht als Knorpelzellnekrosen gezählt (1 1/2 Jahre nach dem Shaving). Patient 29 Jahre. x 8 980

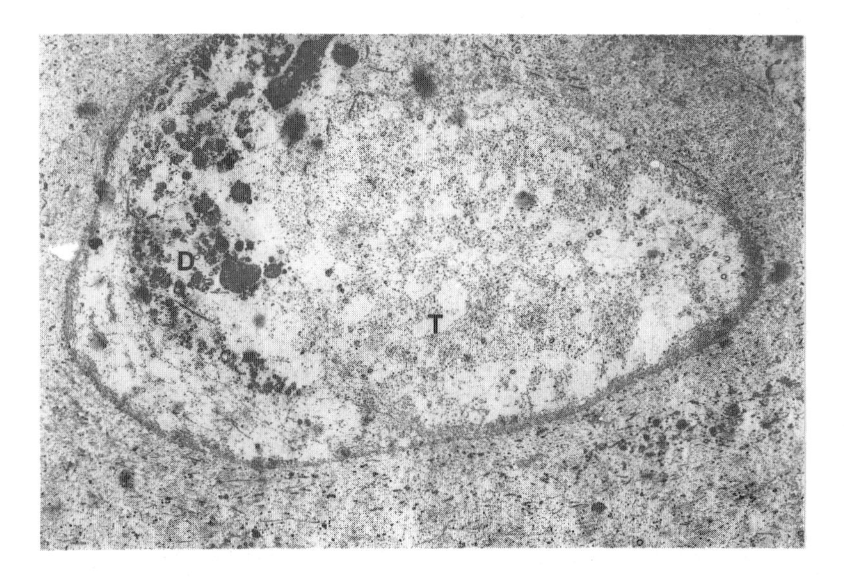

Abb. 12. Dieser Befund wurde aus der Serienschnittfolge zu Abb. 25 gewonnen. Das Bild belegt, daß beim Anschnitt eines leeren Zellhofs (*T*) häufig die Annahme einer Zellnekrose richtig gewesen wäre: Nekrotisches Zellmaterial verläßt den Zellhof (*T*). Aus Meßschnitt bei zweitgradigem Knorpelschaden 1 1/2 Jahre nach dem Shaving. Patient 29 Jahre x 8 980

Tabelle 9. Zellnekrosen pro Meßschnitt (36 Felder eines Präparateträgers) in der 1. Gewebeprobe (Ausgangsbefund) beim Knorpelschaden II. Grades und Zufallszuteilung zum Nichtshaving in bezug zu den Ausgangsbedingungen

Ausgangsbefund Nichtshaving Knorpelschaden II. Grades			Zellnekrosen pro Meßschnitt in 1. Gewebeprobe			
			Zahl	Durchschnittswerte		
Frischer Knorpelschaden	1. Altersgruppe	Stabil	2	3,8	4,1	4,26
			5			
			5			
			4			
		Minder. der Stabil.	6			
			3			
			5			
	2. Altersgruppe	Stabil	5	4,4		
			6			
			5			
			4			
			4			
		Minder. der Stabil.	3			
			4			
			4			
			6			
			3			
Alter Knorpelschaden	1. Altersgruppe		6	3,86	4,15	
			4			
			4			
			3			
			3			
			6			
			1			
	2. Altersgruppe		5	4,5		
			7			
			3			
			4			
			6			
			2			

Tabelle 10. Zellnekrosen pro Meßschnitt (36 Felder eines Präparateträgers) in der 1. Gewebeprobe (Ausgangsbefund) beim Knorpelschaden II. Grades und Zufallszuteilung zum Shaving in bezug zu den Ausgangsbedingungen

Ausgangsbefund Shaving Knorpelschaden II. Grades			Zellnekrosen pro Meßschnitt in 1. Gewebeprobe: Zahl	Durchschnittswerte		
Frischer Knorpelschaden	1. Altersgruppe	Stabil	4	3,5	3,7	3,9
			1			
			3			
			5			
			3			
		Minder. der Stabil.	4			
			4			
			2			
			6			
	2. Altersgruppe	Stabil	3	3,9		
			4			
			4			
			6			
		Minder. der Stabil.	3			
			2			
			7			
			5			
			2			
			3			
Alter Knorpelschaden	1. Altersgruppe		4	4,0	4,2	
			1			
			6			
			5			
			5			
			3			
	2. Altersgruppe		6	4,4		
			5			
			4			
			5			
			6			
			0			
			4			
			5			

Die weitergehende Untergliederung der Meßwerte nach den Altersgruppen erbrachte folgende Aussage: Bei Patienten im Alter zwischen 18 und 25 Jahren waren in der 1. Gewebeprobe jeweils weniger Knorpelzellnekrosen zu zählen als bei der älteren Patientengruppe. Bei frischen Knorpelschäden wurden die Rohdaten zusätzlich nach dem Gesichtspunkt der Bandstabilität des Kniegelenks aufgeschlüsselt. Diese Meßwerte erlangen ihre Bedeutung aber erst in Kombination mit den Meßwerten der 2. Gewebeprobe. Denn die Eigenschaft „stabiles Gelenk" oder „Minderung der Gelenkstabilität" konnte nach der Aufnahme in die Studie gleichzeitig mit der Haupteinflußgröße auf den Knorpelschaden einwirken. Meßwerte, die mit den Haupteinflußgrößen eine potentielle Auswirkung auf den Knorpel entfalten konnten, wurden in Tabelle 22–27 der Stratifizierung näher beleuchtet. Zunächst sollen hier nur die Rohdaten nach unterschiedlichen Ausgangsbedingungen gegenübergestellt werden.

Die Abb. 13 zeigt die Meßwerte der Patienten mit Knorpelschäden II. Grades graphisch dargestellt. Die Meßwerte für Patienten der Shavinggruppe verteilen sich annähernd gleich wie die Meßwerte bei der Gruppe mit Nichtshaving. Die Abb. 13 liefert für die Studie

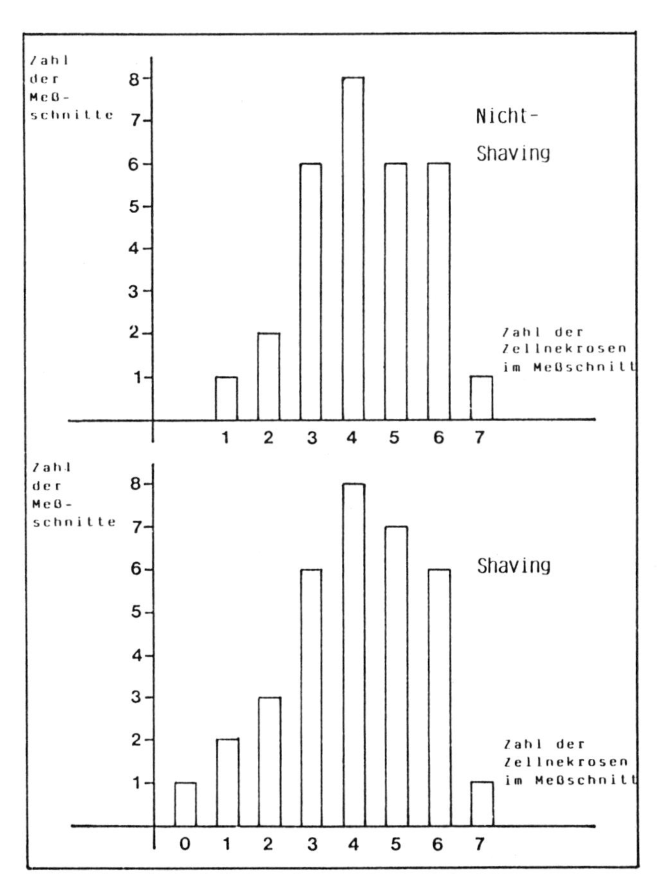

Abb. 13. Knorpelschaden II. Grades. Die Säulengraphiken der Shaving- und Nichtshavinggruppen zeigen in den Meßschnitten der Ausgangsgewebeproben eine nahezu gleiche Verteilung der Zellnekrosenzahl. Diese Strukturgleichheit beider Therapiegruppen wurde durch Ein- und Ausschlußkriterien sowie durch Randomisierung erzielt

zugleich eine Qualitätskontrolle. Es wird bestätigt, daß durch die Randomisierung in beiden Therapiegruppen zu Beginn der Untersuchung eine Ausgangsstrukturgleichheit erzielt wurde. In der Tabelle 11 wurden der Mittelwert, die Standardabweichung und der Standardfehler für die Ausgangsmeßwerte der Therapiegruppen mit zweitgradigem Knorpelschaden bei Nichtshaving berechnet. Der Rechenweg ist exemplarisch für sämtliche Berechnungen nach der Standardnormalverteilung in der Studie aufgezeigt. Beim zweitgradigen Knorpelschaden mit Nichtshaving ergab sich eine Mittelwert von 4,27 bei einer Standardabweichung von 1,43 bei der Ausgangszellnekrosenberechnung. In der vergleichbaren Gruppe mit Shaving wurden ein Mittelwert von 3,94 und eine Standardabweichung von 1,66 ermittelt. Die Maßzahlen belegen, daß Gruppen mit gleichen Ausgangsbedingungen den unterschiedlichen Therapieverfahren zugeführt wurden.

Beim Vergleich der Tabellen 12 und 13 fällt der deutliche Unterschied der Durchschnittswerte für Zellnekrosen pro Meßschnitt auf. Auf Meßschnitten der Kontrollgewebeprobe nach vorausgegangenem Nichtshaving (Tabelle 12) konnten deutlich weniger Knorpelzellnekrosen gezählt werden als nach vorausgegangenem Knorpelshaving (Tabelle 13). Beim Vergleich der Meßwerte aus den Tabellen 9, 10 und 12 läßt sich folgende Tendenz erkennen: Nach Nichtshaving oder gleichbedeutend spontanem Heilverlauf ging die Knorpelzellnekrosenzahl deutlich zurück. Beim zweitgradigen Knorpelschaden blieb die Zahl der Zellnekrosen aber doppelt so hoch wie beim intakten Knorpel. Nach Shaving lag der Durchschnittswert für Knorpelzellnekrosen in vergleichbarer Schichthöhe 5,8mal so hoch wie nach Nichtshaving. In den Tabellen 14 und 15 sind die Differenzbeträge der Ausgangsbefunde zu den Kontrollbefunden als Rohdaten aufgelistet und nach Ausgangsbedingungen zusammengefaßt. Die Ermittlung des Differenzbetrags beinhaltet pro einzelnem Meßschnitt eine gewisse Berücksichtigung des individuellen Ausgangs- und Kontrollzustands. Dieser Differenzbetrag war die gesuchte Zielgröße der Studie und ließ am besten eine Auswirkung des Shavings oder Nichtshavings erkennen. Tabelle 14 zeigt, daß nach Nichtshaving fast immer ein Rückgang der Zellnekrosenzahl zu verzeichnen war. Dagegen kam es beim zweitgradigen Knorpelschaden nach Shaving fast immer zu einer Zunahme der Knorpelzellnekrosenzahl. Die Rohdaten zeigen, daß ein unterschiedliches Zeitintervall zwischen den beiden Probeentnahmen ohne bedeutende Auswirkung blieb.

Die Abb. 14 a faßt die Ergebnisse der Tabellen 9, 10 und 12–15 zusammen und liefert eine Übersicht. Shaving war fast immer mit einer Zunahme der Zellnekrosenzahl verbunden. Nichtshaving oder gleichbedeutend spontaner Heilverlauf war mit einer Abnahme der Zellnekrosenzahl verknüpft.

Mit Rohdaten der Tabellen 14 und 15 ließen sich die Abb. 14 a und b erstellen. Beim zweitgradigen Knorpelschaden mit Shaving ergab sich ein Mittelwert für den Differenzbetrag der Knorpelzellnekrosenzahl von 2,97 bei einer Standardabweichung von 1,38. Der vergleichbare Mittelwert bei der Gruppe mit Nichtshaving betrug – 3,1 bei einer Standardabweichung von 1,56. Hätte sich die Nullhypothese bestätigt, so hätte eine einzige Glockenkurve als Ergebnis vorliegen müssen. In diesem Fall hätte sich bestätigt, daß Shaving oder Nichtshaving keinen Einfluß auf den traumatisch geschädigten Knorpel hinsichtlich der Zellnekrosenzahl haben. Die Verteilung im Ergebnis ist jedoch ganz anders. Zwei Kurven liegen vor, die Einzelergebnisse in sich zusammenfassen, die mit den jeweils unterschiedlichen Therapieverfahren kombiniert sind. Die alternative These trifft zu: Shaving und Nichtshaving zeigen eine deutliche Auswirkung hinsichtlich der Zahl der Knorpelzellnekrosen. Shaving bewirkt beim zweitgradigen Knorpelschaden eine Zunahme der

Tabelle 11. Berechnung des Mittelwertes (x), der Standardabweichung (s) und des Standardfehlers ($s_{\bar{x}}$) von der Ausgangszellnekrosenzahl bei zweitgradigem Knorpelschaden und Nichtshaving

Studienindex	Zellnekrosenzahl	Zufallsvariable x	x^2
16	1	−3	9
17	2	−2	4
24	2	−2	4
4	3	−1	1
10	3	−1	1
15	3	−1	1
19	3	−1	1
23	3	−1	1
30	3	−1	1
1	4	0	
7	4	0	
9	4	0	
13	4	0	
14	4	0	
22	4	0	
27	4	0	
29	4	0	
2	5	+1	1
3	5	+1	1
6	5	+1	1
18	5	+1	1
20	5	+1	1
28	5	+1	1
5	6	+2	4
8	6	+2	4
12	6	+2	4
21	6	+2	4
25	6	+2	4
26	6	+2	4
11	7	+3	9
n = 30		x. = +8 (:) n 30 (=) $\bar{x}'$ 0,27	Σx^2 = 62

Median +4

Modus +4

x. +8 **(quadr.)** 64 (:) **n** 30 ⊜ → Σx^2 62,00 (−) 2,13 (=) **SAQ** 59,87 (:) **FG = (n − 1)** 29 (=) S^2 2,06 (√) **S** 1,43 (:) 5,48 (=) $S_{\bar{x}}$ 0,26

$\bar{x}'$ 0,27 ⊕ **Konstante** 4 (=) **Richtiger $\bar{x}$** 4,27

Tabelle 12. Zellnekrosen pro Meßschnitt (36 Felder eines Präparateträgers) in der 2. Gewebeprobe (Kontrollbefund) beim Knorpelschaden II. Grades und Zufallszuteilung zum Nichtshaving in bezug zu den Ausgangsbedingungen

Kontrollbefund Nichtshaving Knorpelschaden II. Grades			Zellnekrosen pro Meßschnitt in 2. Gewebeprobe: Zahl	Durchschnittswerte		
Frischer Knorpelschaden	1. Altersgruppe	Stabil	0	0,7	0,8	1,2
			0			
			1			
			0			
		Minder. der Stabil.	1			
			2			
			1			
	2. Altersgruppe	Stabil	0	1,0		
			2			
			1			
			1			
			1			
		Minder. der Stabil.	2			
			0			
			0			
			3			
			0			
Alter Knorpelschaden	1. Altersgruppe		3	1,6	1,5	
			1			
			2			
			1			
			2			
			1			
			1			
	2. Altersgruppe		2	1,5		
			1			
			1			
			2			
			1			
			2			

Tabelle 13. Zellnekrosen pro Meßschnitt (36 Felder eines Präparateträgers) in der 2. Gewebeprobe (Kontrollbefund) beim Knorpelschaden II. Grades und Zufallszuteilung zum Shaving in bezug zu den Ausgangsbedingungen

Kontrollbefund Shaving Knorpelschaden II. Grades			Zellnekrosen pro Meßschnitt in 2. Gewebeprobe Zahl	Durchschnittswerte		
Frischer Knorpelschaden	1. Altersgruppe	Stabil	6			
			7			
			5			
			6			
			4	6,3		
		Minder. der Stabil.	8			
			8			
			5			
			8			
	2. Altersgruppe	Stabil	5		6,5	
			6			
			7			
			7			
		Minder. der Stabil.	9	6,6		
			6			
			10			
			8			
			4			
			4			7,0
Alter Knorpelschaden	1. Altersgruppe		8			
			5			
			10	7,0		
			8			
			8			
			3			
	2. Altersgruppe		11		7,8	
			10			
			9			
			9	8,4		
			10			
			3			
			7			
			8			

Tabelle 14. Der Differenzbetrag der Zellnekrosenzahl pro Beobachtungseinheit ist in Bezug zu den Ausgangsbedingungen gesetzt (für Nichtshaving). (*K* = Beobachtungseinheiten, die ein kurzes Intervall, 6–12 Monate zwischen 1. und 2. Gewebeentnahme aufweisen)

Meßwerte Nichtshaving Knorpelschaden II. Grades			Differenzbetrag der Zellnekrosenzahl: Ausgangsbefund zu Kontrollbefund pro Beobachtungseinheit: Betrag	Durchschnittswerte		
Frischer Knorpelschaden	1. Altersgruppe	Stabil	−2 K −5 −4 −4	−3,8	−3,6	−3,8
		Minder. der Stabil.	−5 −1 K −4 K	−3,3		
	2. Altersgruppe	Stabil	−5 −4 −4 −3 K −3 K	−4,8	−3,9	
		Minder. der Stabil.	−1 K −4 −4 −3 −3	−3,0		
Alter Knorpelschaden	1. Altersgruppe		−3 −3 −3 K −2 −1 K −5 0		−2,4	−2,7
	2. Altersgruppe		−3 K −6 −2 −2 −5 0		−3,0	

Tabelle 15. Der Differenzbetrag der Zellnekrosenzahl pro Beobachtungseinheit ist in Bezug zu den Ausgangsbedingungen gesetzt (für Shaving) (*K* = Beobachtungseinheiten, die ein kurzes Intervall, 6–12 Monate zwischen 1. und 2. Gewebeentnahme aufweisen)

Meßwerte Shaving Knorpelschaden II. Grades			Differenzbetrag der Zellnekrosenzahl: Ausgangsbefund zu Kontrollbefund pro Beobachtungseinheit: Betrag	Durchschnittswerte		
Frischer Knorpelschaden	1. Altersgruppe	Stabil	+2 +2 +2 K +1 +1	+1,6	+2,3	+2,5
		Minder. der Stabil.	+4 +4 +3 K +2	+3,3		
	2. Altersgruppe	Stabil	+2 +2 +3 K +1	+2,0	+2,7	
		Minder. der Stabil.	+6 +4 K +3 +3 +2 +1	+3,2		
Alter Knorpelschaden	1. Altersgruppe		+4 +4 +4 +3 +3 K 0		+3,0	+3,6
	2. Altersgruppe		+5 +5 +5 +4 +4 +3 K +3 K +3		+4,0	

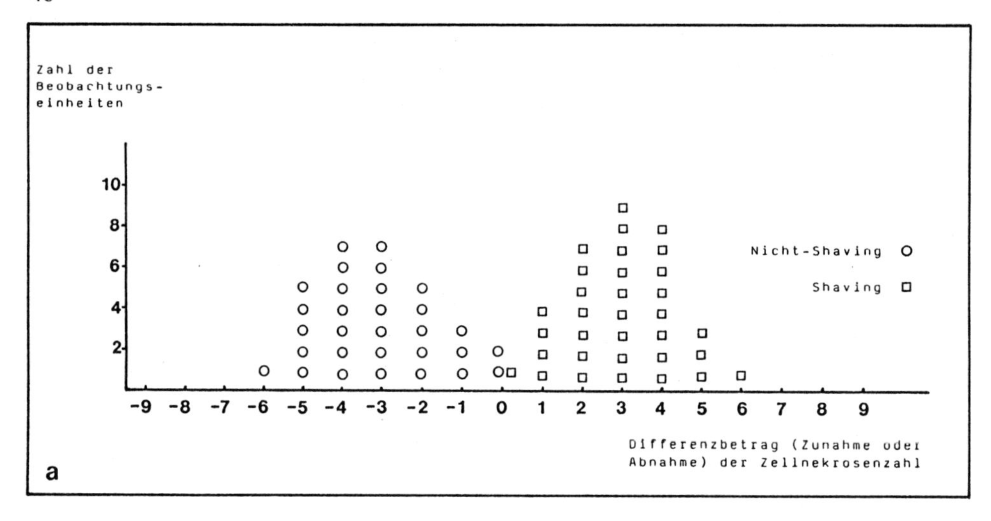

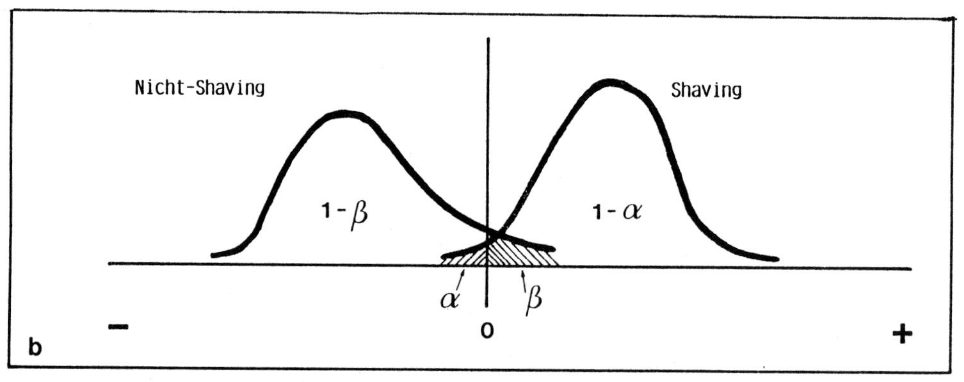

Abb. 14 a, b. Verteilung der Meßwerte beim Knorpelschaden II. Grades. **a** Die graphische Darstellung verdeutlicht, daß nach Shaving eine Zunahme der Knorpelzellnekrosenzahl zu messen war. Nach Nichtshaving nahm die Zellnekrosenzahl überwiegend ab. **b** Graphische Darstellung des statistischen Ergebnisses beim Knorpelschaden II. Grades. Bei Bestätigung der Nullhypothese hätte annähernd eine Glockenkurve mit Scheitelpunkt über 0 vorliegen müssen. $1-\alpha$ bedeutet die Sicherheitswahrscheinlichkeit für die alternative These: Shaving bedingt eine Zunahme der Zellnekrosen. Der Bereich α (= 0,01578) umfaßt die Irrtumswahrscheinlichkeit für diese alternative These

Zellnekrosenzahl. Die Richtigkeit dieser Aussage wird nur durch eine sehr geringe Irrtumswahrscheinlichkeit ($\alpha = 0{,}01578$) beeinträchtigt. Unter Berücksichtigung der zu Studienbeginn gewählten Signifikanzstufe und der Studienbedingungen ist die alternative These als richtig anzunehmen.

Systematisch gleich wurden auch die Einzelergebnisse beim Knorpelschaden III. Grades aufgezeichnet und in den Tabellen 16–21 zusammengefaßt. Die Tabellen 16 und 17 zeigen beim Vergleich mit den Tabellen 9 und 10, daß die makroskopisch weitergehende Schädigung beim Knorpelschaden III. Grades zunächst nicht mit einer gesteigerten Knorpelzellnekrosenzahl in der tieferen Meßschicht einherging. Gegenüber der Zellnekrosenrate beim intakten Knorpel wies der drittgradig geschädigte Knorpel eine um 7,5fach höhere Zellnekrosenzahl auf. Beim Vergleich der zusammengefaßten Durchschnittswerte der

Tabelle 16. Zellnekrosen pro Meßschnitt (36 Felder eines Präparateträgers) in der 1. Gewebeprobe (Ausgangsbefund) beim Knorpelschaden III. Grades und Zufallszuteilung zum Nichtshaving in bezug zu den Ausgangsbedingungen

Ausgangsbefund Nichtshaving Knorpelschaden III. Grades			Zellnekrosen pro Meßschnitt in 1. Gewebeprobe: Zahl	Durchschnittswerte		
Frischer Knorpelschaden	1. Altersgruppe	Stabil	4	3,9	3,7	3,8
			5			
			3			
			4			
		Minder. der Stabil.	5			
			3			
			2			
			5			
	2. Altersgruppe	Stabil	4	3,6		
			4			
			2			
			6			
		Minder. der Stabil.	3			
			3			
			6			
			4			
			2			
			2			
Alter Knorpelschaden	1. Altersgruppe		6	3,8	3,9	
			4			
			7			
			5			
			3			
			1			
			2			
			2			
	2. Altersgruppe		4	4,1		
			4			
			6			
			3			
			6			
			5			
			5			

Tabelle 17. Zellnekrosen pro Meßschnitt (36 Felder eines Präparateträgers) in der 1. Gewebeprobe (Ausgangsbefund beim Knorpelschaden III. Grades und Zufallszuteilung zum Shaving in bezug zu den Ausgangsbedingungen

Ausgangsbefund Shaving Knorpelschaden III. Grades			Zellnekrosen pro Meßschnitt in 1. Gewebeprobe: Zahl	Durchschnittswerte		
Frischer Knorpelschaden	1. Altersgruppe	Stabil	1	3,9	4,0	4,4
			7			
			6			
		Minder. der Stabil.	2			
			4			
			3			
			4			
	2. Altersgruppe	Stabil	1	4,0		
			3			
			5			
			6			
			2			
		Minder. der Stabil.	5			
			3			
			5			
			6			
			2			
			6			
			4			
Alter Knorpelschaden	1. Altersgruppe		4	4,0	4,3	
			4			
			2			
			6			
			5			
			3			
	2. Altersgruppe		3	4,4		
			6			
			3			
			5			
			5			
			5			
			4			
			4			
			3			
			7			
			5			

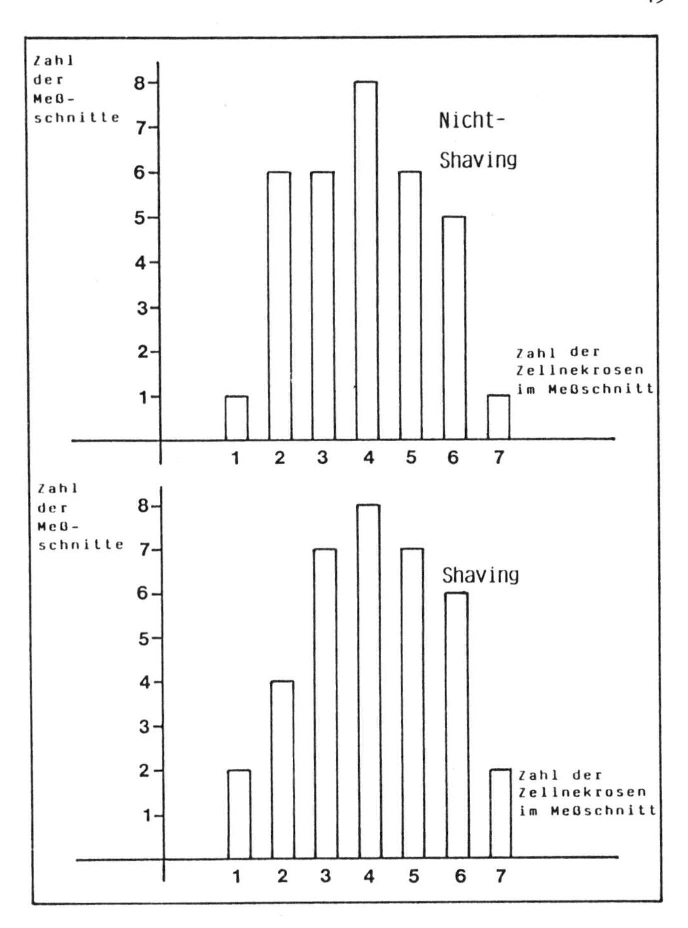

Abb. 15. Knorpelschaden III. Grades. Die Säulengraphiken der Shaving- und Nichtshavinggruppen zeigen in den Meßschnitten der Ausgangsgewebeproben eine nahezu gleiche Verteilung der Zellnekrosenzahl. Diese Strukturgleichheit beider Therapiegruppen wurde durch Ein- und Ausschlußkriterien sowie durch Randomisierung erzielt

Tabellen 16 und 17 zeigt sich, daß in beiden unterschiedlichen Therapiegruppen gleiche Ausgangsbedingungen bestanden. Dies verdeutlicht auch die Abb. 15. Durch Randomisierung war in den beiden Gruppen eine Ausgangsstrukturgleichheit erzielt worden. Der Mittelwert für die Ausgangszellnekrosezahlen lag bei der Nichtshavinggruppe bei 3,94 (Standardabweichung 1,61). Der vergleichbare Mittelwert bei der Shavinggruppe betrug 4,11 bei einer Standardabweichung von 1,59. Die beiden Mittelwerte bzw. die Standardabweichungen differierten unwesentlich. Bedeutend sind diese Werte für die Qualitätssicherung der Studie.

Die Aufschlüsselung nach Ausgangsbedingungen in den Tabellen 16 und 17 zeigen, daß die Merkmale frischer oder alter Knorpelschäden zu Beginn keinen bedeutenden Unterschied in die Studie einbrachten. Die Durchschnittswerte für diese Bedingungen differieren nicht. Auch die Untergliederung nach Altersgruppen läßt keine unterschiedlichen Eingangskonditionen erkennen.

Die Tabellen 18 und 19 zeigen Ergebnisse nach Exposition der Haupteinflußgrößen Nichtshaving oder Shaving beim drittgradigen Knorpelschaden. Beim Vergleich der Tabellen 18 und 19 fällt sofort der deutliche Unterschied der zusammengefaßten Durchschnittswerte auf. Nach Nichtshaving liegen pro Meßschnitt nur 2,2 Knorpelzellnekrosen vor, nach Shaving dagegen 8,9 Zellnekrosen. Unter Berücksichtigung des beobachteten Zeitintervalls lag die Zahl der Zellnekrosen nach spontanem Heilverlauf beim drittgradigen Knorpelschaden doppelt so hoch wie beim intakten Knorpel. Nach Shaving lagen jedoch 8mal mehr Zellnekrosen pro Meßschnitt, im Vergleich zum intakten Knorpel, vor.

Die gesuchten Zielgrößen der Studie sind in den Tabellen 20 und 21 wiedergegeben. Nach Nichtshaving nimmt auch beim drittgradigen Knorpelschaden die Zahl der Zellnekrosen ab. Beim Vergleich mit dem zweitgradigen Knorpelschaden ist der Rückgang der

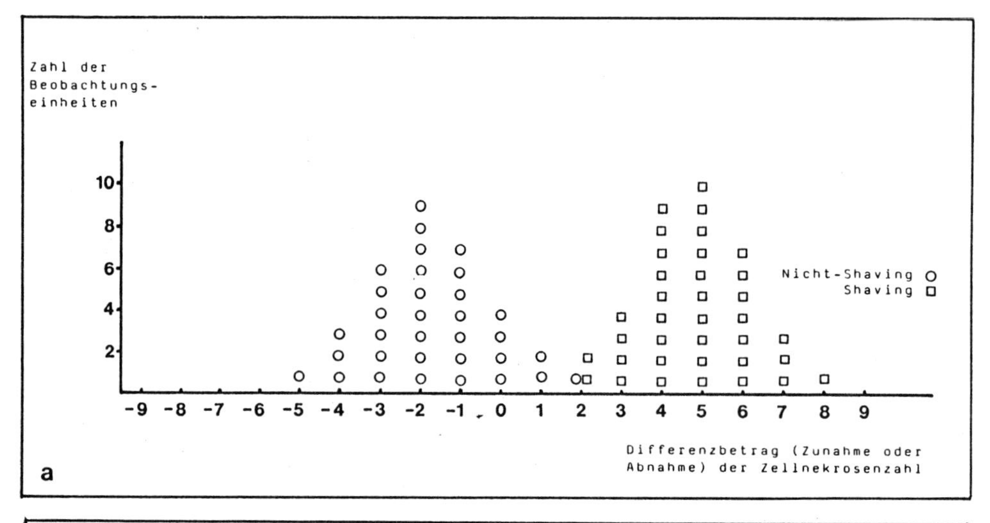

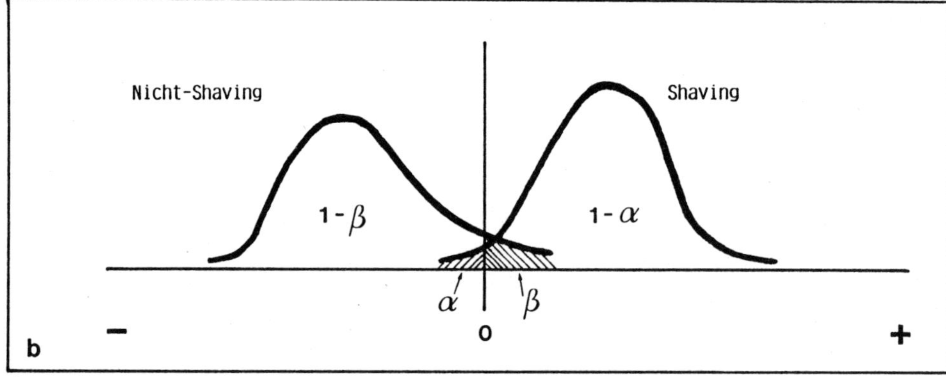

Abb. 16 a, b. Verteilung der Meßwerte beim Knorpelschaden III. Grades. **a** Die graphische Darstellung verdeutlicht, daß nach Shaving eine Zunahme der Knorpelzellnekrosenzahl zu messen war. Nach Nichtshaving nahm die Zellnekrosenzahl überwiegend ab. **b** Graphische Darstellung des statistischen Ergebnisses beim Knorpelschaden III. Grades. Bei Bestätigung der Nullhypothese hätte annähernd eine Glockenkurve mit Scheitelpunkt über 0 vorliegen müssen. 1–α bedeutet die Sicherheitswahrscheinlichkeit für die alternative These: Shaving bedingt eine Zunahme der Zellnekrosen. Der Bereich α (= 0,00033) umfaßt die Irrtumswahrscheinlichkeit für diese alternative These

Tabelle 18. Zellnekrosen pro Meßschnitt (36 Felder eines Präparateträgers) in der 2. Gewebeprobe (Kontrollbefund) beim Knorpelschaden III. Grades und Zufallszuteilung zum Nichtshaving in bezug zu den Ausgangsbedingungen

Kontrollbefund Nichtshaving Knorpelschaden III. Grades			Zellnekrosen pro Meßschnitt in 2. Gewebeprobe: Zahl	Durchschnittswerte		
Frischer Knorpelschaden	1. Altersgruppe	Stabil	1	2,1	2,3	2,2
			3			
			1			
			3			
		Minder. der Stabil.	2			
			1			
			1			
			5			
	2. Altersgruppe	Stabil	1	2,4		
			2			
			1			
			6			
		Minder. der Stabil.	0			
			1			
			5			
			3			
			2			
			3			
Alter Knorpelschaden	1. Altersgruppe		1	2,3	2,0	
			1			
			5			
			3			
			2			
			3			
			0			
			3			
	2. Altersgruppe		0	1,7		
			0			
			2			
			0			
			1			
			4			
			5			

Tabelle 19. Zellnekrosen pro Meßschnitt (36 Felder eines Präparateträgers) in der 2. Gewebeprobe (Kontrollbefund) beim Knorpelschaden III. Grades und Zufallszuteilung zum Shaving in bezug zu den Ausgangsbedingungen

Kontrollbefund Shaving Knorpelschaden III. Grades			Zellnekrosen pro Meßschnitt in 2. Gewebeprobe			
			Zahl	Durchschnittswerte		
Frischer Knorpelschaden	1. Altersgruppe	Stabil	8, 9, 8	7,4	8,2	8,9
		Minder. der Stabil.	5, 8, 7, 7			
	2. Altersgruppe	Stabil	6, 7, 9, 10, 5	8,7		
		Minder. der Stabil.	12, 9, 10, 11, 8, 10, 7			
Alter Knorpelschaden	1. Altersgruppe		11, 10, 10, 7, 11, 10, 7	9,4	9,7	
	2. Altersgruppe		10, 12, 9, 11, 10, 9, 9, 8, 11, 9	9,8		

Tabelle 20. Der Differenzbetrag der Zellnekrosenzahl pro Beobachtungseinheit ist in bezug zu den Ausgangsbedingungen gesetzt (für Nichtshaving). (*K* = Beobachtungseinheiten, die ein kurzes Intervall, 6–12 Monate zwischen 1. und 2. Gewebeentnahme aufweisen)

Meßwerte Nichtshaving Knorpelschaden III. Grades			Differenzbetrag der Zellnekrosenzahl: Ausgangsbefund zu Kontrollbefund pro Beobachtungseinheit – Betrag	Durchschnittswerte		
Frischer Knorpelschaden	1. Altersgruppe	Stabil	– 3	– 3,0	– 2,3	– 1,7
			– 2			
			– 2			
			– 1 K			
		Minder. der Stabil.	– 3	– 1,5		
			– 2			
			– 1 K			
			0			
	2. Altersgruppe	Stabil	– 3	– 1,5	– 1,2	
			– 2 K			
			– 1			
			0			
		Minder. der Stabil.	– 3	– 1,0		
			– 2			
			– 1			
			– 1			
			0			
			+ 1 K			
Alter Knorpelschaden	1. Altersgruppe		– 5		– 1,3	– 2,7
			– 3			
			– 2			
			– 2			
			– 1 K			
			+ 2 K			
			0			
			+ 1 K			
	2. Altersgruppe		– 4		– 1,1	
			– 2			
			– 2			
			– 1			
			0			
			+ 1 K			
			0 K			

Tabelle 21. Der Differenzbetrag der Zellnekrosenzahl pro Beobachtungseinheit ist in bezug zu den Ausgangsbedingungen gesetzt (für Shaving) (*K* = Beobachtungseinheiten, die ein kurzes Intervall, 6–12 Monate zwischen 1. und 2. Gewebeentnahme aufweisen)

Meßwerte Shaving Knorpelschaden III. Grades			Differenzbetrag der Zellnekrosenzahl: Ausgangsbefund zu Kontrollbefund pro Beobachtungseinheit			
			Betrag	Durchschnittswerte		
Frischer Knorpelschaden	1. Altersgruppe	Stabil	+7	+3,6	+3,6	+4,3
			+2 K			
			+2			
		Minder. der Stabil.	+3	+3,5		
			+4			
			+4			
			+3 K			
	2. Altersgruppe	Stabil	+5	+4,0	+4,8	
			+4			
			+4 K			
			+4			
			+3			
		Minder. der Stabil.	+8	+5,3		
			+6			
			+5 K			
			+5			
			+6 K			
			+4			
			+3			
Alter Knorpelschaden	1. Altersgruppe		+7		+5,4	+5,4
			+6 K			
			+6			
			+5 K			
			+5			
			+5			
			+4			
	2. Altersgruppe		+7		+5,3	
			+6			
			+6 K			
			+6			
			+5			
			+5 K			
			+5			
			+5			
			+4 K			
			+4			

Zellnekrosenzahl bei drittgradigem Knorpelschaden jedoch um den Faktor 2,2 geringer. Nach Shaving steigt die Zellnekrosenzahl pro Meßschnitt in allen Beobachtungseinheiten an (Tabelle 21). Durchschnittlich stieg nach Shaving im Meßschnitt die Zahl der Knorpelzellnekrosen um 4,9 an. Beim Vergleich der Tabellen 15 und 21 ergibt sich für den drittgradigen Knorpelschaden nach Shaving eine um den Faktor 1,6 höhere Zunahme der Zellnekrosenrate als bei zweitgradigem Knorpelschaden. Rohdaten, die ein kurzes Zeitintervall zwischen den Gewebeproben darstellen, lassen für diese zeitliche Bedingung keinen Einfluß erkennen.

Die Abb. 16 a und b zeigt graphisch die Ergebnisse für den drittgradigen Knorpelschaden nach Exposition der Haupteinflußgröße und stützt sich auf die Daten der Tabellen 16–21. Nach Shaving nahm die Zahl der Zellnekrosen im Meßschnitt immer zu. Nach Nichtshaving kam es meist zu einer Abnahme der Knorpelzellnekrosenzahl. Für den Differenzbetrag der Zellnekrosenzahl beim drittgradigen Knorpelschaden und Shaving ergaben sich ein Mittelwert von 4,81 und eine Standardabweichung von 1,41. Vergleichbar ergab sich in der Gruppe mit Nichtshaving ein Mittelwert von – 1,70 bei einer Standardabweichung von 1,24. Wie beim zweitgradigen Knorpelschaden kann nach Berechnung der Funktionsparameter auch für den drittgradigen Schaden die Nullhypothese der Studie abgelehnt werden. Akzeptiert werden kann die alternative Aussage: Shaving beim drittgradigen Knorpelschaden bedingt eine Zunahme der Knorpelzellnekrosenzahl. Die Irrtumswahrscheinlichkeit α für diese Aussage beträgt 0,00033 (Abb. 16 b).

3.3 Ergebnisse der Stratifizierung

In den jeweiligen Therapiegruppen waren die Patienten nach der Randomisierung zusätzlich Faktoren und Einflußgrößenkombinationen ausgesetzt, die unter klinischen Bedingungen nicht ausgeschaltet werden konnten. Nach gesichertem wissenschaftlichem Erkenntnisstand konnten diese Faktoren jedoch die Ergebnisse beeinflussen. Welchen Einfluß sie tatsächlich hatten, konnte durch Stratifizierung der Ergebnisse nach diesen Gesichtspunkten veranschaulicht werden.

Die ungünstige Auswirkung einer andauernden Stabilitätsminderung auf den Gelenkknorpel gilt als gesichert. Die Tabelle 22 faßt einerseits die Beobachtungseinheiten mit der Eigenschaft „stabiles Kniegelenk nach dem Ersteingriff" und die Tabelle 23 die Beobachtungseinheiten mit der Eigenschaft „Minderung der Stabilität nach dem Ersteingriff" zusammen. Weitere Gemeinsamkeiten sind das Therapieverfahren „Shaving" und die Eigenschaft „frischer Knorpelschaden". Beim Vergleich der Tabellen 23 und 24 zeigt sich, daß die Zellnekrosenrate bei den Patienten mit der Eigenschaft „stabiles Gelenk" in allen Gruppen und Untergruppen jeweils besser abschnitten als die Patienten mit einer geminderten Gelenkstabilität.

Faßt man die Ergebnisse der Tabellen 22 und 23 zusammen und vergleicht diese mit den Ergebnissen der Tabelle 24, so verdeutlicht sich für eine weitere Einflußgröße „frischer" oder „alter Knorpelschaden" der unterschiedliche Einfluß. Bei sonst gleichen Bedingungen kam es beim frischgeschädigten Knorpel nach Schädigung und nach Shaving zu einer besseren Reduktion der Knorpelzellnekrosen als beim „alten" Knorpelschaden.

Auch bei den Meßwerten der Nichtshavinggruppe wurde nach den Auswirkungen von nichteliminierbaren Einflußgrößen geforscht. Der Vergleich der Tabellen 25 und 26 läßt

Tabelle 22. Der Differenzbetrag der Zellnekrosenzahl pro Beobachtungseinheit ist in Bezug zu den Ausgangsbedingungen gestzt. Wesentlich ist dabei der Zusatz „stabile Gelenkführung" zur Haupteinflußgröße „Shaving". (*N* = Ergebnisse von Patienten, die nicht planmäßig oder wegen und mit Schmerzen zum Zweiteingriff kamen)

Stratifizierung Shaving stabile Gelenkführung			Differenzbetrag der Zellnekrosenzahl: Ausgangsbefund zu Kontrollbefund pro Beobachtungseinheit Betrag	Durchschnittswerte		
Frischer Knorpel-schaden	2. gradiger Knorpel-schaden	1. Alters-gruppe	+2 +2 N +2 +1 +1 N	+1,6	+1,7	+2,8
		2. Alters-gruppe	+2 +2 +3 +1	+2,0		
	3. gradiger Knorpel-schaden	1. Alters-gruppe	+7 +2 N +2	+3,6	+3,9	
		2. Alters-gruppe	+5 +4 +4 +4 N +3	+4,0		

Tabelle 23. Der Differenzbetrag der Zellnekrosenzahl pro Beobachtungseinheit ist in Bezug gesetzt zu den Ausgangsbedingungen. Wesentlich ist dabei der Zusatz „Minderung der Stabilität" zur Haupteinflußgöße „Shaving". (*N* = Ergebnisse von Patienten, die nicht planmäßig oder wegen und mit Schmerzen zum Zweiteingriff kamen)

Stratifizierung Shaving Minderung der Stabilität			Differenzbetrag der Zellnekrosenzahl: Ausgangsbefund zu Kontrollbefund pro Beobachtungseinheit			
			Betrag	Durchschnittswerte		
Frischer Knorpelschaden	2. gradiger Knorpelschaden	1. Altersgruppe	+4	+3,3	+3,1	+3,9
			+4			
			+3 N			
			+2 N			
		2. Altersgruppe	+6	+3,2		
			+4 N			
			+3 N			
			+3			
			+2			
			+1 N			
	3. gradiger Knorpelschaden	1. Altersgruppe	+3	+3,5	+4,6	
			+4			
			+4			
			+3 N			
		2. Altersgruppe	+8	+5,3		
			+6 N			
			+5 N			
			+5			
			+6			
			+4			
			+3 N			

Tabelle 24. Stratifizierung: Shaving bei altem Knorpelschaden (*N* = Patienten, die nicht planmäßig oder wegen und mit Schmerzen zum Zweiteingriff kamen)

Stratifizierung Shaving bei altem Knorpelschaden			Differenzbetrag der Zellnekrosenzahl: Ausgangsbefund zu Kontrollbefund pro Beobachtungseinheit			
			Betrag	Durchschnittswerte		
Alter Knorpelschaden	2. gradiger Knorpelschaden	1. Altersgruppe	+4	+3,0	+3,6	+4,6
			+4 N			
			+4 N			
			+3			
			+3 N			
			0			
		2. Altersgruppe	+5	+4,0		
			+5			
			+5 N			
			+4 N			
			+4			
			+3 N			
			+3			
			+3 N			
	3. gradiger Knorpelschaden	1. Altersgruppe	+7	+5,4	+5,4	
			+6			
			+6			
			+5 N			
			+5			
			+5 N			
			+4 N			
		2. Altersgruppe	+7	+5,3		
			+6			
			+6			
			+6			
			+5			
			+5 N			
			+5			
			+5 N			
			+4 N			
			+4			

Tabelle 25. Der Differenzbetrag der Zellnekrosenzahl pro Beobachtungseinheit ist in Bezug zu den Ausgangsbedingungen gestzt. Wesentlich ist dabei der Zusatz „stabile Gelenkführung" zur Haupteinflußgröße „Nichtshaving". (*N* = Ergebnisse von Patienten, die nicht planmäßig oder wegen und mit Schmerzen zum Zweiteingriff kamen)

Stratifizierung Nichtshaving stabile Gelenkführung			Differenzbetrag der Zellnekrosenzahl: Ausgangsbefund zu Kontrollbefund pro Beobachtungseinheit Betrag	Durchschnittswerte		
Frischer Knorpelschaden	2. gradiger Knorpelschaden	1. Altersgruppe	−2 −5 N −4 −4	−3,8	−3,8	−2,9
		2. Altersgruppe	−5 −4 −4 N −3 −3	−3,8		
	3. gradiger Knorpelschaden	1. Altersgruppe	−3 −2 −2 −1	−2,0	−1,8	
		2. Altersgruppe	−3 −2 −1 N 0	−1,5		

Tabelle 26. Der Differenzbetrag der Zellnekrosenzahl pro Beobachtungseinheit ist in Bezug gesetzt zu den Ausgangsbedingungen. Wesentlich ist dabei der Zusatz „Minderung der Stabilität" zur Haupteinflußgöße „Nichtshaving". (*N* = Ergebnisse von Patienten, die nicht planmäßig oder wegen und mit Schmerzen zum Zweiteingriff kamen)

Stratifizierung Nichtshaving Minderung der Stabilität			Differenzbetrag der Zellnekrosenzahl: Ausgangsbefund zu Kontrollbefund pro Beobachtungseinheit Betrag	Durchschnittswerte		
Frischer Knorpelschaden	2. gradiger Knorpelschaden	1. Altersgruppe	– 5	– 3,3	– 3,1	– 1,9
			– 1			
			– 4 N			
		2. Altersgruppe	– 1	– 3,0		
			– 4			
			– 4 N			
			– 3			
			– 3 N			
	3. gradiger Knorpelschaden	1. Altersgruppe	– 3	– 1,5	– 1,2	
			– 2 N			
			– 1			
			0 N			
		2. Altersgruppe	– 3	– 1,0		
			– 2 N			
			– 1 N			
			– 1			
			0			
			+ 1			

Tabelle 27. Stratifizierung: Nichshaving bei altem Knorpelschaden (N = Patienten, die nicht planmäßig oder wegen und mit Schmerzen zum Zweiteingriff kamen)

Stratifizierung Nichtshaving bei altem Knorpelschaden			Differenzbetrag der Zellnekrosenzahl: Ausgangsbefund zu Kontrollbefund pro Beobachtungseinheit: Betrag	Durchschnittswerte		
Alter Knorpel-schaden	2. gradiger Knorpel-schaden	1. Alters-gruppe	−3	−2,3	−2,6	−1,9
			−3 N			
			−2			
			−2 N			
			−1			
			−5			
			0			
		2. Alters-gruppe	−3 N	−3,0		
			−6			
			−2			
			−2 N			
			−5			
			0			
	3. gradiger Knorpel-schaden	1. Alters-gruppe	−5	−1,3	−1,2	
			−3 N			
			−2 N			
			−2			
			−1 N			
			+2			
			0			
			+1			
		2. Alters-gruppe	−4	−1,5		
			−2 N			
			−2			
			−1 N			
			0			
			+1			
			0			

die Auswirkungen der unterschiedlichen Gelenkstabilität bei sonst gleichen Bedingungen nach dem Ersteingriff erkennen. Die Aussage ist erlaubt: Bei stabiler Bandführung ging die Zellnekrosenzahl deutlicher zurück als bei Kniegelenken mit verbleibender Minderung der Stabilität nach dem Ersteingriff.

Faßt man die Tabellen 25 und 26 zusammen und vergleicht das Ergebnis mit den Werten der Tabelle 27, so läßt sich die Auswirkung des Alters der Knorpelschädigung erkennen. Folgende Aussage wird bekräftigt: Nach Nichtshaving erholte sich der frischgeschädigte Knorpelschaden nur unwesentlich besser als der Knorpelschaden nach länger zurückliegendem Unfallereignis.

In den Tabellen 22–27 wurden alle Rohdaten der Beobachtungseinheiten, denen möglicherweise das Attribut „Negativauslese" zukam, mit *N* bezeichnet. Beim Vergleich dieser Beträge mit den Werten ohne diese Kennzeichnung läßt sich nicht der Schluß ziehen, daß das Ergebnis und die Aussage der Studie durch diese Werte falsch beeinflußt wurden.

Vergleicht man die nach Einflußgrößen stratifizierten Tabellen 22–27 mit den Tabellen 12–15 sowie 18–21, die nach den Haupteinflußgrößen ausgerichtet wurden, so ergibt sich folgende Erkenntnis: Die Unterschiede, die sich bei der Gegenüberstellung nach den Haupteinflußgrößen Shaving und Nichtshaving ergeben, fallen jeweils deutlich größer aus als die Differenzen bei Aufschlüsselung nach begleitenden Einflußgrößen. Diese Verteilung im Studienergebnis spricht für die Sensitivität der gewählten Testmethode und des gewählten Zielmerkmals im statistischen Part der Studie.

3.4 Morphologische Befunde

Exemplarisch werden die typischen Befunde für den Zustand nach Shaving und nach Nichtshaving dargestellt. Diese Gegenüberstellung verdeutlicht am besten die Auswirkung der beiden unterschiedlichen Therapieverfahren. Zum Vergleich werden die morphologischen Befunde des intakten Knorpels gezeigt. Dieser Vergleich vermittelt den Eindruck, welche Abweichungen der Knorpel nach Schädigung und nach den Therapieverfahren Shaving und Nichtshaving aufweist.

3.4.1 Morphologische Befunde beim intakten Gelenkknorpel

Zur Gelenkoberfläche hin besitzt der Gelenkknorpel die superfiziale oder tangentiale Schicht, deren wesentliches Merkmal die Anordnung der kollagenen Fasern ist. Diese verlaufen parallel zur Gelenkoberfläche und bilden feine Schichten mit gleichen Verlaufsrichtungen aus. In mehreren dünnen Feinschichten verlaufen die Fasern dabei zueinander in annähernd 90°-Winkeln versetzt, so daß beim Anschnitt senkrecht zur Gelenkoberfläche die Fasern oft längs und in der Feinschicht darüber und darunter quer angeschnitten werden (Abb. 17). Auch unter hohen Vergrößerungen ist die oberflächliche Grenzschicht relativ glatt. Elektronendichte Partikel halten die obersten kollagenen Fasern bedeckt.

Typisch für die Zellen der superfizialen Schicht ist deren längliche Gestalt, die sich parallel zur Oberfläche hin ausrichtet (Abb. 18). Die Zellkern-Zellplasma-Relation ist im Vergleich zu den Knorpelzellen der tieferen Schichten deutlich zugunsten des Zellkerns

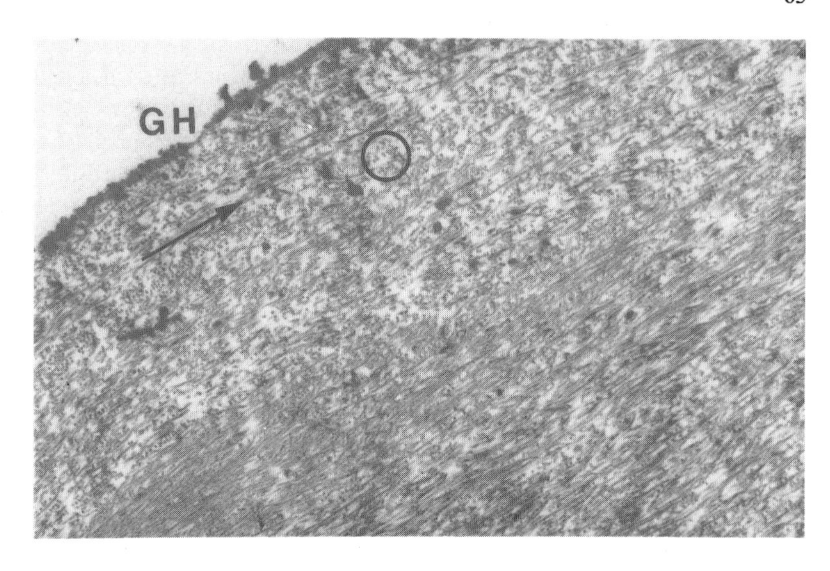

Abb. 17. Deutlich sind die parallel zur Oberfläche ausgerichteten Faserverläufe zu erkennen. Einige Feinschichten sind längsgeschnitten (→), andere quer (O) getroffen (*GH* ≠ Gelenkhöle). Organspender 19 Jahre x 13 200

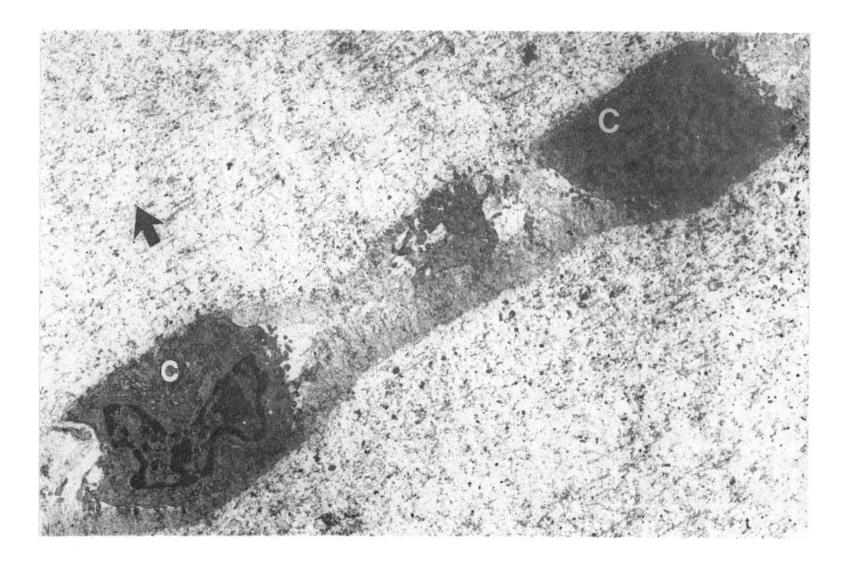

Abb. 18. Die Knorpelzellen (*C*) der tangentialen Zone besitzen meist seitliche oder polartig angeordnete Zellfortsätze. Zur Gelenkoberfläche (↑) hin sind die Zellfortsätze zahlenmäßig meist geringer als zur oberflächenabgewandten Seite ausgebildet. Organspender 28 Jahre x 4 750

verschoben. Die Zellen der Superfizialschicht besitzen auch vergleichsweise wenig Zellorganellen. Die gering vorhandenen Zellfortsätze ordnen sich an den seitlichen Zellpolen oder überwiegend an der Seite der Zelle an, die abgekehrt von der Gelenkoberfläche liegt. Der für Knorpelzellen typische Zellhof zeigt sich in dieser Schicht lanzettartig langgestreckt zur Gelenkoberfläche. Sehr feines kollagenes Filamentmaterial ist von elektronendichtem Material umgeben, so daß im TEM-Bild der Eindruck einer dunkleren Anfärbung der territorialen im Vergleich zur umgebenden interterritorialen Matrix entsteht.

Darunterliegend folgt die Übergangs- oder Intermediärzone. Die kollagenen Fasern verlaufen hier nicht mehr mit paralleler oder tangentialer Ausrichtung zur Gelenkoberfläche. Nahezu ohne Hauptorientierungsrichtung bilden die kollagenen Fasern der interterritorialen Matrix ein dreidimensionales Netzwerk aus. Die zunehmend rundlichen Knorpelzellen liegen meist einzeln in den territorialen Matrixhöfen (Abb. 19). Die Zellkern-Zytoplasma-Relation ist ausgewogen. Deutlich sind die Zellorganellen ausgebildet (Abb. 20). Angemessene Speicherung von Glykogenmaterial im Zytoplasma und Syntheseprodukten im endoplasmatischen Retikulum sowie Pinozytose- und Exozytoseformationen sprechen für einen aktiven Funktionszustand der Zellen dieser Schicht.

Fließend geht diese Knorpelschicht in die radiäre Knorpelzone über. Ihren Namen hat diese Schicht von der zunehmen senkrecht zur Oberfläche angeordneten, oft säulenartigen Ausrichtung der Knorpelzellen zueinander. Dies läßt sich v.a. bei geringen Vergrößerungen nachvollziehen. Zwangsläufig entsteht, wegen der oft säulenartigen Anordnung der Zellen in dieser Schicht, der Eindruck, daß sich die kollagenen Fasern mehr senkrecht zur Gelenkoberfläche hin oder radiär ausrichten. Bei Vergrößerungsstufen der TEM fällt eine derartige Vorzugsrichtung nicht mehr auf, die kollagenen Fasern der interterritorialen Matrix bilden ein dichtes dreidimensionales Netz. Im Vergleich zur superfizialen Schicht sind die Fasern dicker kalibriert und die typische Querstreifung der kollagenen Fasern ist bei höheren Vergrößerungen deutlich zu erkennen.

Die Knorpelzellen sind hier größer als in den anderen Knorpelschichten. Das Zellkern-Zytoplasma-Verhältnis ist überwiegend zugunsten der Zytoplasmafläche verschoben. Es sind meist hochaktive Zellen mit ausgeprägten Zellorganellsystemen und angemessener Speicherung von energiereichen Synthesematerialien zu sehen. Oft liegen die Knorpelzellen dieser Schicht paarweise in einem Territorium dichtgedrängt beieinander (Abb. 21).

Den Übergang zu Zellen der kalzifizierenden Schicht bilden Knorpelzellen mit ausgeprägten Zellfortsätzen und zentral gelegenen Zellkernen, die angedeutet von intrazytoplasmatischem Filament umgeben sind (Abb. 23, 23). Die territoriale Matrix um die Knorpelzellen herum war hier im Vergleich zu den darüberliegenden Schichten meistens weniger gut von der interterritorialen Matrix differenzierbar. Zwischen den kollagenen Fasern der interterritorialen Matrix waren Anzeichen für Kalkkristallisationspunkte zu erkennen (Abb. 24).

3.4.2 Morphologische Befunde nach Shaving

War ein Knorpelshaving durchgeführt worden, kam es weder beim zweitgradigen noch beim drittgradigen Knorpelschaden zur Ausbildung einer oberflächlichen Schicht, die der superfizialen Zone des intakten Knorpels vergleichbar gewesen wäre. Meist bildete eine aufgelöste und tiefeingerissene kollagene Faserformation die neue oberflächliche Schicht

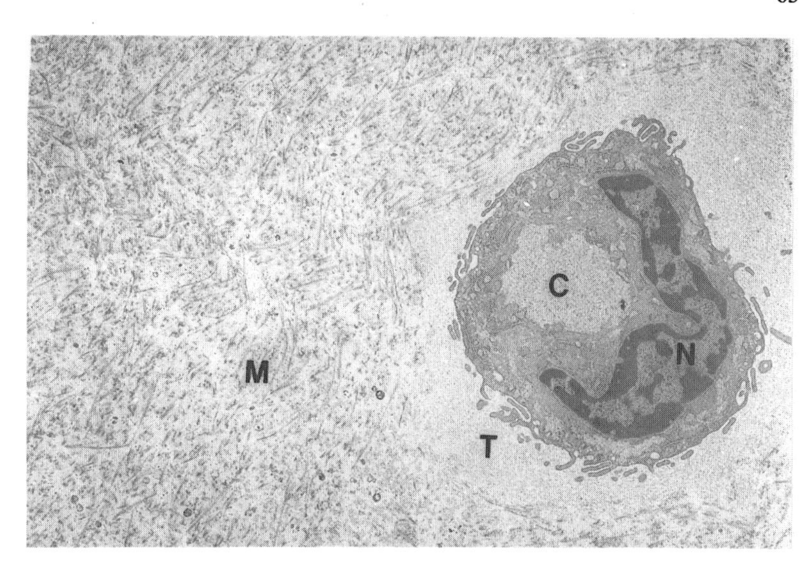

Abb. 19. Die interterritoriale Matrix (*M*) der transitorialen Zone ist im Vergleich zur tangentialen Zone ungerichtet. Die Matrix weist eine dreidimensionale Vernetzung auf. Im Zellhof (*T*) befindet sich Material, das die Kontrastierung der Proteoglykane besitzt, die zwischen den kollagenen Fasern eingelagert sind (*C* ≠ Chondrozyt, *N* ≠ Nucleus). Organspender 24 Jahre x 7 600

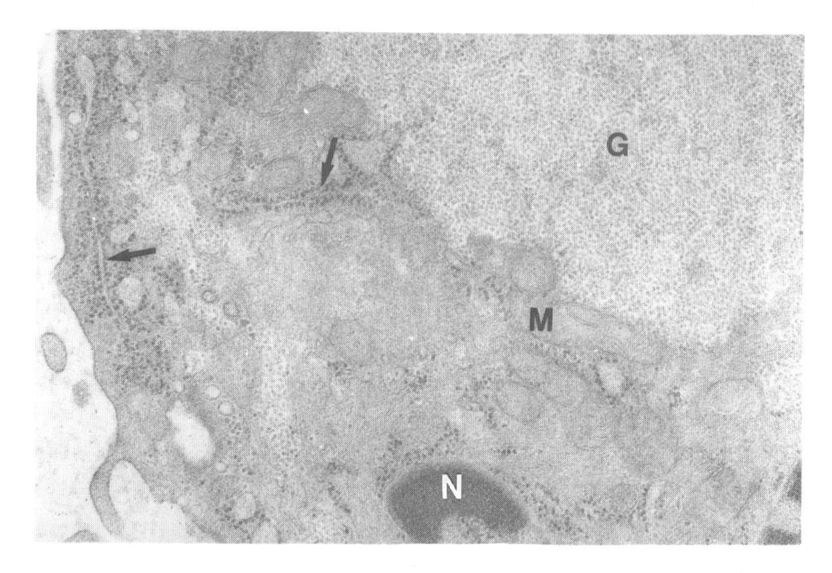

Abb. 20. Um intrazytoplasmatisch eingelagertes Glykogen (*G*) sind vielfach Mitochondrien (*M*) und Kanäle des endoplasmatischen Retikulums (→) angelagert. Diese Zellorganellen leisten Synthese- und Transportaufgaben für die Grundbausteine des Knorpels: Proteoglykan und kollagene Fasern (*N* ≠ Nucleus), (Ausschnittvergrößerung aus Abb. 19). Organspender 24 Jahre x 42 000

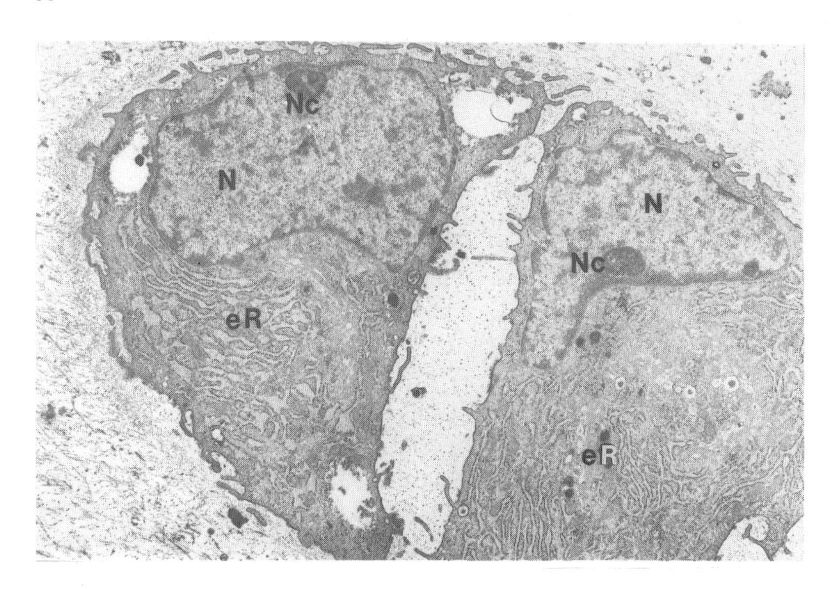

Abb. 21. In der tieferen Zone sind häufig Knorpelzellen anzutreffen, die in einem Zellhof dicht beieinander liegen. Die Zellen besitzen eine ausgedehntes endoplasmatisches Retikulum (*eR*), (*N* ≠ Nucleus, *Nc* ≠ Nucleolus). Organspender 23 Jahre x 8 920

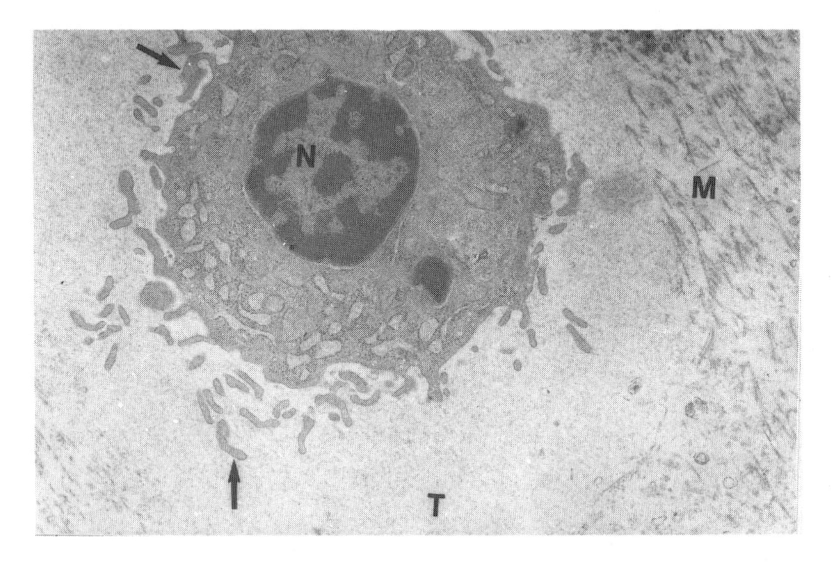

Abb. 22. In der tiefen radiären Zone zeigen die Knorpelzellen auch häufig Zellfortsätze (→), die sich weit in den Zellhof (*T*) hinein erstrecken (*M* ≠ Matrix, *N* ≠ Nucleus). Organspender 23 Jahre x 8450

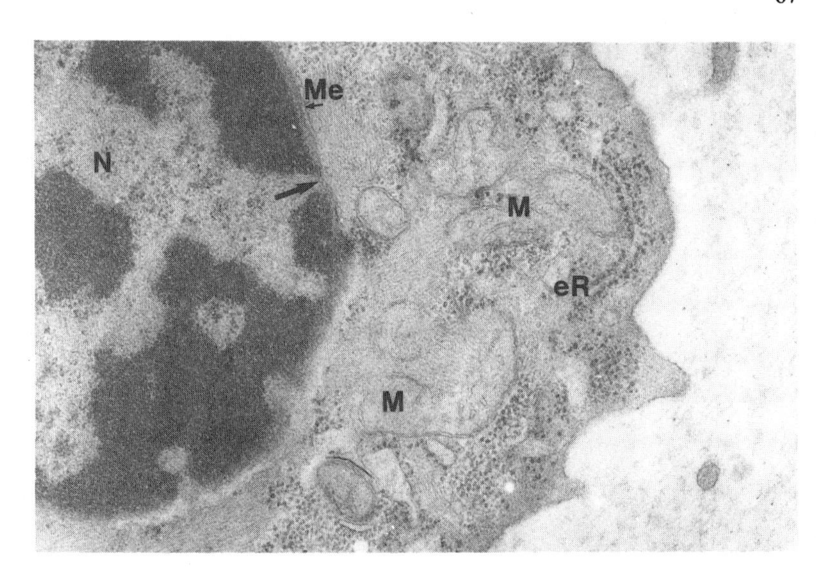

Abb. 23. In diesem Zellanschnitt sind um den Zellkern herum Anteile des endoplasmatischen Retikulum (*eR*) zu erkennen. Die Kernmembran (*Me*) reduziert sich im Bereich der Kernporen (→) zu einer einzigen Lamelle. Das stark kontrastierte Kernchromatin (*N* ≠ Nucleus) weicht dort zurück. Deutlich sind Mitochondrien (*M*) zu erkennen. (Ausschnittsvergrößerung aus Abb. 22). Organspender 23 Jahre x 35 900

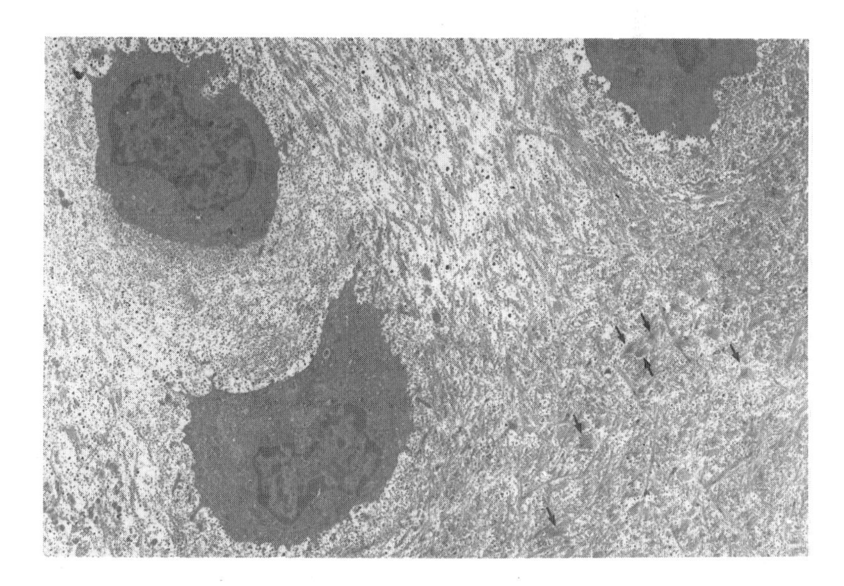

Abb. 24. Auch bei gelegentlich dichter Lagerung der Knorpelzellen in Höhe der kalzifizierenden Zone lag beim intakten Knorpel niemals das Bild einer sog. Brutkapselformation vor. Um kollagene Fasern herum sind diskrete Zeichen der Kalkeinlagerung (→) erkennbar. Organspender 19 Jahre x 4 400

(Abb. 25). Gelegentlich zeigte sich die geshavte Oberfläche, die durch das kollagene Fasernetz der freigelegten Zone gebildet wurde, von feinem filamentartigem kollagenem Material überlagert (Abb. 26). Dieser relativ elektronendichte Belag ließ sich am ehesten mit dem Material der territorialen Matrix der Knorpelzellen aus der superfizialen Schicht beim intakten Knorpel vergleichen. Noch tief unterhalb der durch Shaving neugeschaffenen Oberfläche ließen die Bilder der interterritorialen Matrix beim Kontrollbefund eine nicht mehr dreidimensional vernetzte kollagene Faserarchitektur erkennen (Abb. 27). Unter der neugeschaffenen Oberfläche waren häufig Zellhöfe zu sehen, die eine schmale, aber deutlich erkennbare Begrenzung des Zellhofs zur interterritorialen Matrix hin zeigten (Abb. 28). In den Zellhöfen selbst waren dabei oft nur kollagenes Material von Filamentgröße und Proteoglykanpartikel zu erkennen. Häufig waren derartig begrenzte und aufgefüllte Zellhöfe unter der neugeschaffenen Oberfläche noch von schwer veränderten Zellen oder Zellnekrosen belegt.

In die umgebende interterritoriale Matrix war nach Shaving meist diffus und anteilig verdichtet Zelldetritus eingelagert. Dieses Material bestand aus elektronendichten bläschenförmigen Substraten. Dafür, daß dieses Material von abgestorbenen Knorpelzellen stammte, ließen sich vielfach morphologische, lückenlose Beweisbilder gewinnen. In der Matrix fanden sich nach Shaving auch auffällig häufig sog. Scars oder Narbenformationen. Diese Gebilde sind durch knäuelartige kollagene Faserwirbel charakterisiert. Typisch ist auch der wirre Faserverlauf mit einer Mischung von unterschiedlich kalibrierten kollagenen Fasern (Abb. 29). Die beobachteten Substrate lieferten schlüssige Hinweise, daß diese Scars im Zusammenhang mit ehemaligen Zellhöfen und zugrundegegangenen Knorpelzellen standen. Das elektronendichte Material der Scars ließ sich oft mit dem Material vergleichen, das gelegentlich die geshavte Oberfläche überlagerte. In den Schichthöhen der Meßschnitte waren bei Kontrollbefunden nach Shaving oft schwerstgeschädigte Knorpelzellen zu sehen (Abb. 30 und 31). Wie die Abb. 30 und 31 gleichfalls zeigen, war in die Umgebung dieser Zellen im Vergleich zum intakten Knorpel oft massenhaft Zelldetritus eingelagert (Abb. 31). Derartige Einlagerungen in die Matrix ließen sich nach Nichtshaving wesentlich seltener beobachten. Oft ließen sich Shavingknorpelzellen nachweisen, die intrazellulär massenhaft Synthesematerialien und Syntheseprodukte gespeichert hatten. Durch diese intrazelluläre Speicherung waren die Zellorganellen oft randständig abgedrängt (Abb. 32). Diese Knorpelzellen hielten um sich herum weder eine territoriale Matrix wie beim intakten Knorpel aufrecht, noch war deren weitere Umgebung mit regulären Verhältnissen vergleichbar (Abb. 33, 34).

Die Knorpelzellen in tieferen Schichten unterhalb der geshavten Oberfläche zeigten weniger drastisch, aber gleichfalls eine Funktionsbeeinträchtigung an. Vermehrt blieb synthetisiertes Material in der Knorpelzelle liegen (Abb. 35). Daß die Knorpelzellen noch eine gewisse Ver- und Entsorgungsfunktion für die umgebende Knorpelmatrix erfüllten, ließ sich anhand der Pinozytose- und Exozytosevesikel schlußfolgern (Abb. 36). In der Schichthöhe der kalzifizierenden Zone waren nach Shaving im Vergleich zum nicht geshavten Knorpel die Kristallisationspunkte für Kalkeinlagerungen deutlich vermehrt (Abb. 37). Gegenüber den Kalkeinlagerungen beim intakten Knorpel waren diese Mineralisationspunkte weniger nadelförmig ausgebildet, sondern mehr fleckförmig gestaltet. Knorpelzellen in der kalzifizierenden Schicht nach Shaving beim drittgradigen Knorpelschaden zeigten häufig schwerste Veränderungen der Zellorganellen und pathologische Speiche-

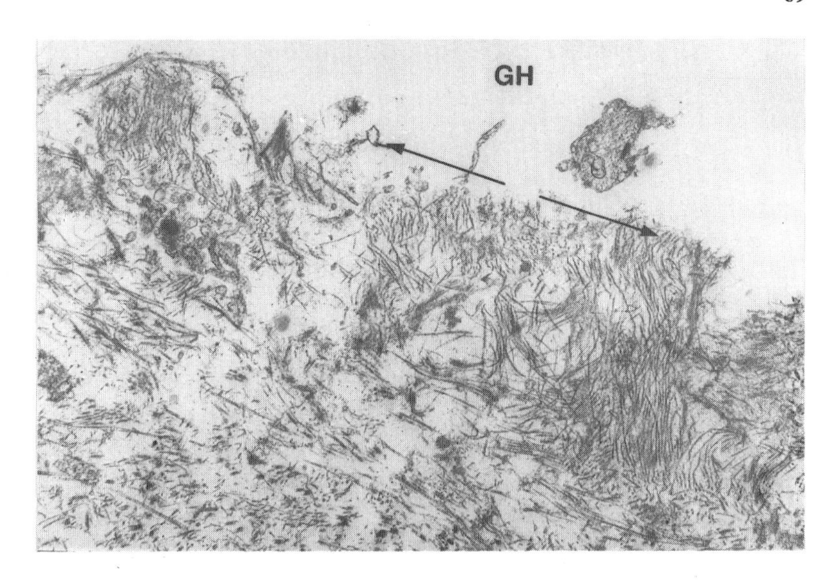

Abb. 25. Typisches Bild einer durch Shaving neu geschaffenen Oberfläche (← →) zum Zeitpunkt des Zweiteingriffs. Niemals bildete eine kollagene Faserformation den Abschluß der Gelenkfläche, wie sie beim intakten Knorpel vorliegt. Das Bild zeigt den Zustand 1 1/4 Jahre nach Shaving bei einem Knorpelschaden II. Grades (*GH* ≠ Gelenkhöhle). Patient 25 Jahre x 6 820

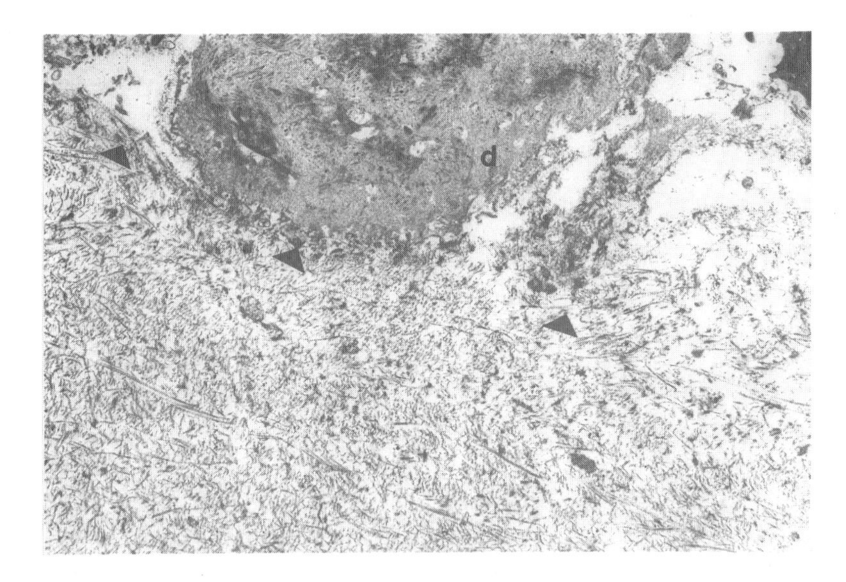

Abb. 26. Gelegentlich überlagert auch relativ fest zusammenhängendes elektronendichtes (*D*) Material das geshavte Niveau (▲ ▲). Das Bild zeigt einen Zustand 1 Jahr nach Shaving bei einem Knorpelschaden II. Grades. Patient 23 Jahre x 8 100

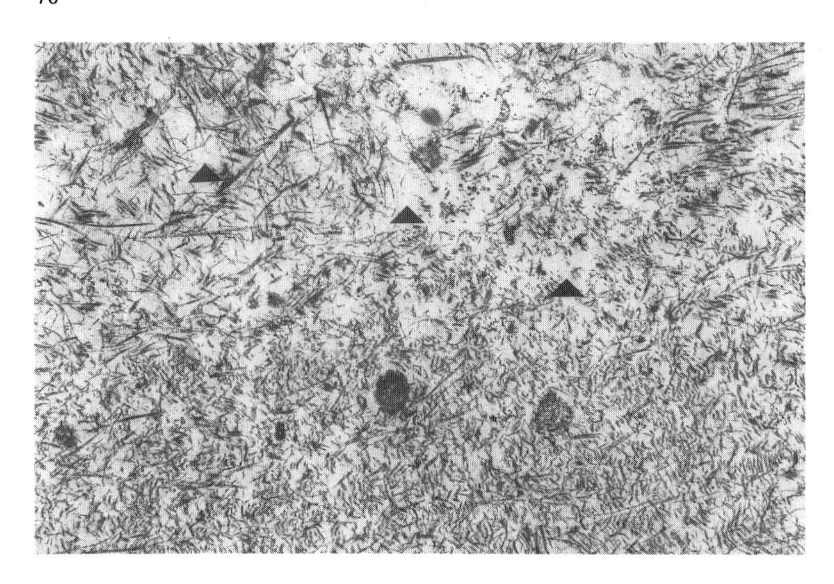

Abb. 27. Auch in einem weiteren Abstand zur geshavten Oberfläche entsteht keine Knorpelmatrix, die eine stabile dreidimensionale Vernetzung zeigt (▲ ▲). Ganz im Gegenteil: Die Faserarchitektur erscheint eher aufgelockert. Zustand 1 Jahr nach Shaving aus der Meßschnitthöhe bei einem Knorpelschaden III. Grades. Patient 23 Jahre x 8 200

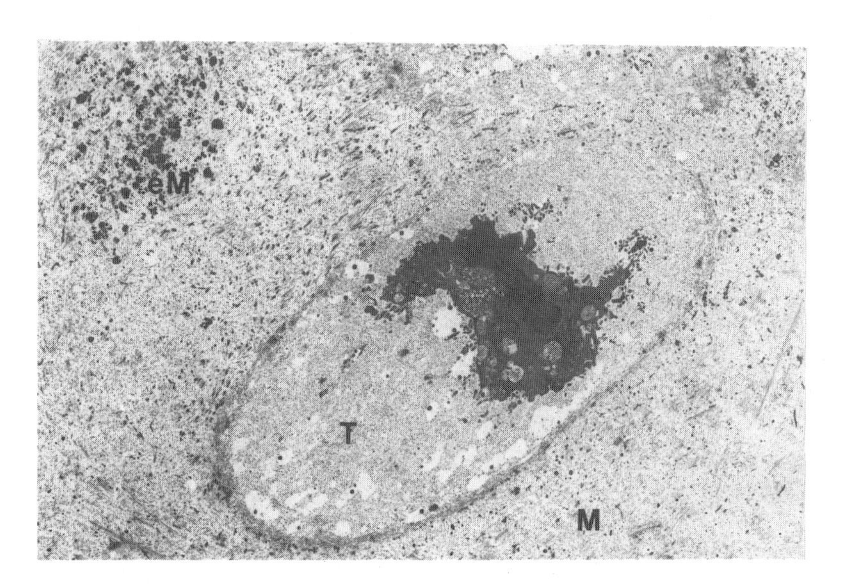

Abb. 28. In die Umgebung von auffällig abgegrenzten Zellhöfen (*T*) war oft elektronendichtes Material (*eM*) eingelagert ($M \neq$ Matrix). Aus einem Meßschnitt bei zweitgradigem Knorpelschaden 1 1/2 Jahre nach Shaving. Patient 27 Jahre x 4 750

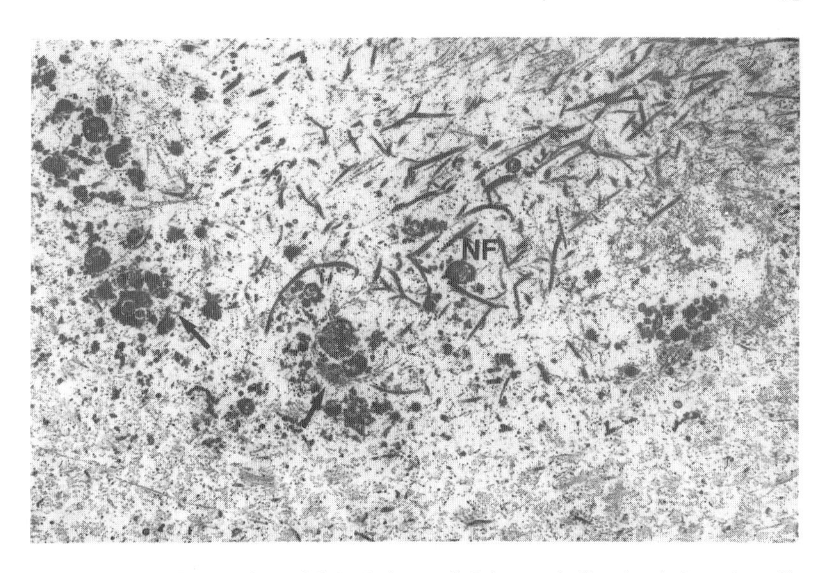

Abb. 29. Narbenfeldformation (*NF*) aus einem Meßschnitt 1 1/4 Jahre nach Shaving bei zweitgradigem Knorpelschaden. Im Bereich des Narbenfeldes sind rundliche elektronendichte Partikel eingestreut (→). Patient 31 Jahre x 9 730

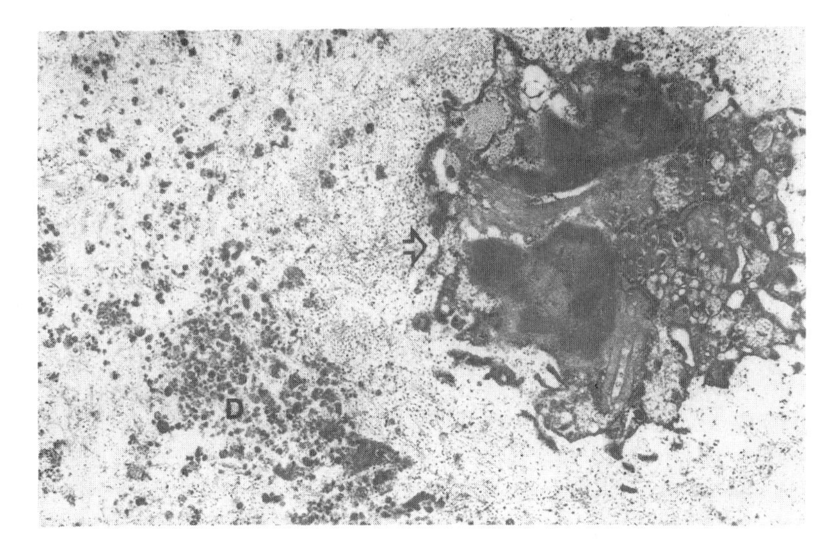

Abb. 30. Schwerstgeschädigte Knorpelzelle (⇨) und mit Zelldetritus (*D*) angehäufte Matrix aus Meßschnitthöhe beim Knorpelschaden III. Grades 1 Jahr nach Shaving. Patient 27 Jahre x 8 980

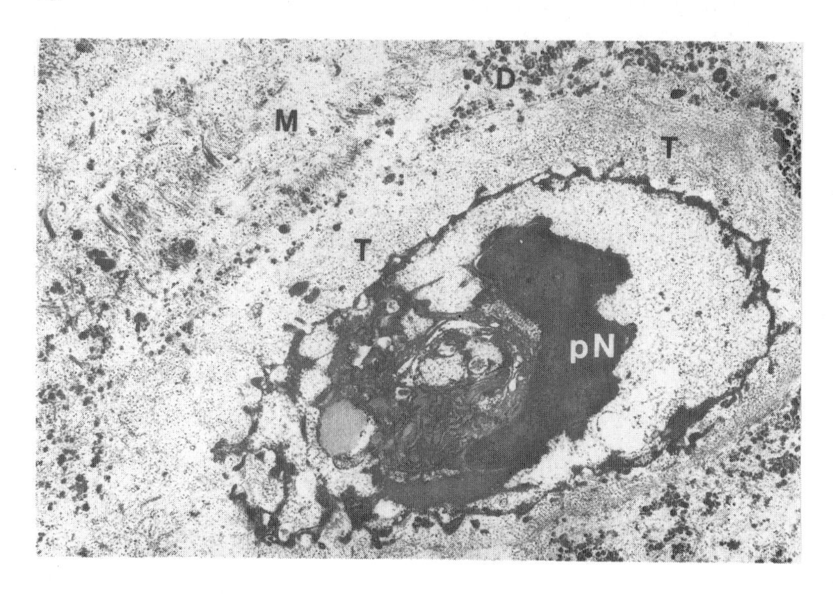

Abb. 31. Pyknotischer Zellkern (*pN*) und zusammengedrängtes Zellorganellsystem in einer Zelle mit abnormer Speicherung ($T \neq$ Zellhof). Die umgebende Matrixstruktur (*M*) ist im Vergleich zum intakten Knorpel stark verändert und weist Zelldetritus (*D*) auf (1 Jahr nach Shaving). Patient 27 Jahre x 8 980

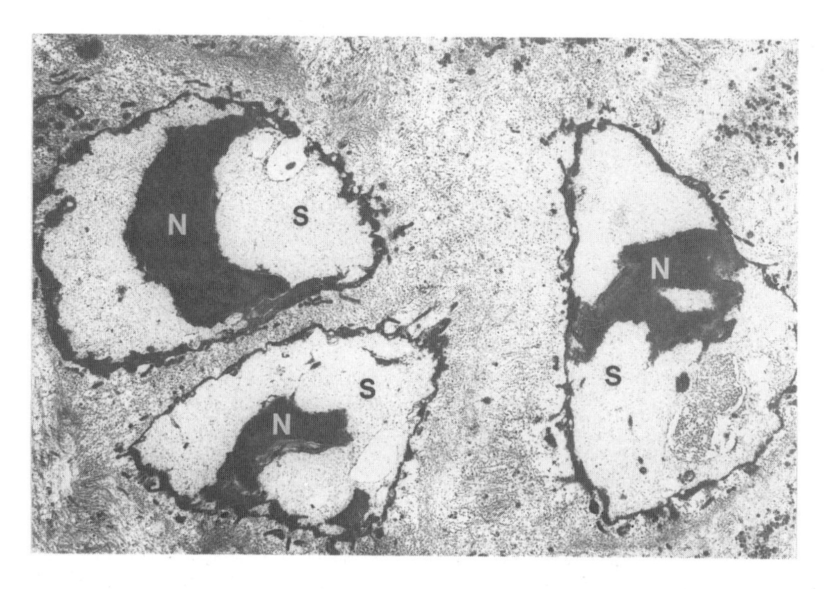

Abb. 32. Die Zellkerne der Knorpelzellen sind pyknotisch kondensiert. Die abnorme intrazelluläre Speicherung scheint die Zellorganellen völlig verdrängt zu haben. Aus einem Meßschnitt 1 1/4 Jahre nach Shaving bei Knorpelschaden III. Grades. Patient 29 Jahre x 6 870

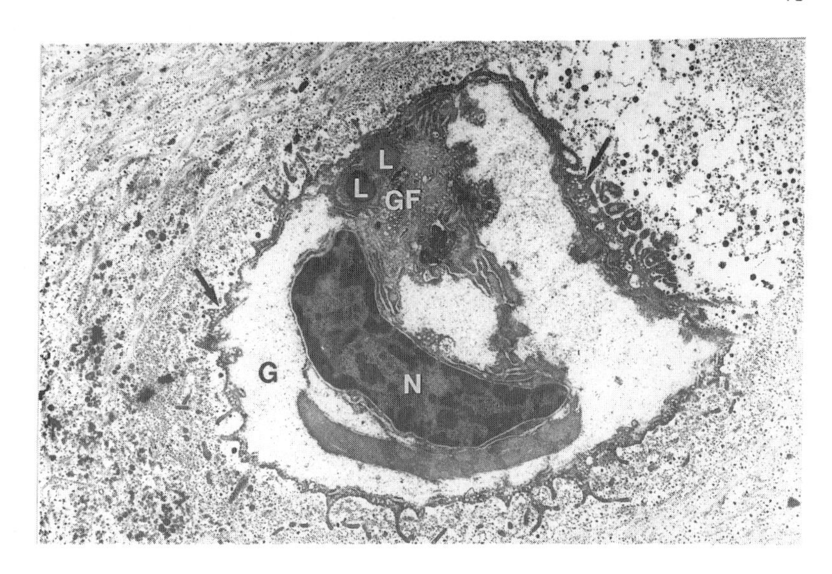

Abb. 33. Knorpelzelle aus einem Meßschnitt 8 Monate nach Shaving bei Knorpelschaden III. Grades. Durch viele langgestreckte Zellfortsätze versucht die Knorpelzelle die umgebende Matrix noch zu beeinflussen. Pinozytose- und Exozytosevesikel (↗) liegen im Bereich der Zellmembran (*G* ≠ Glykogen, *GF* ≠ Golgi-Feld, *L* ≠ Lipid, *N* ≠ Nucleus). Patient 21 Jahre x 7 600

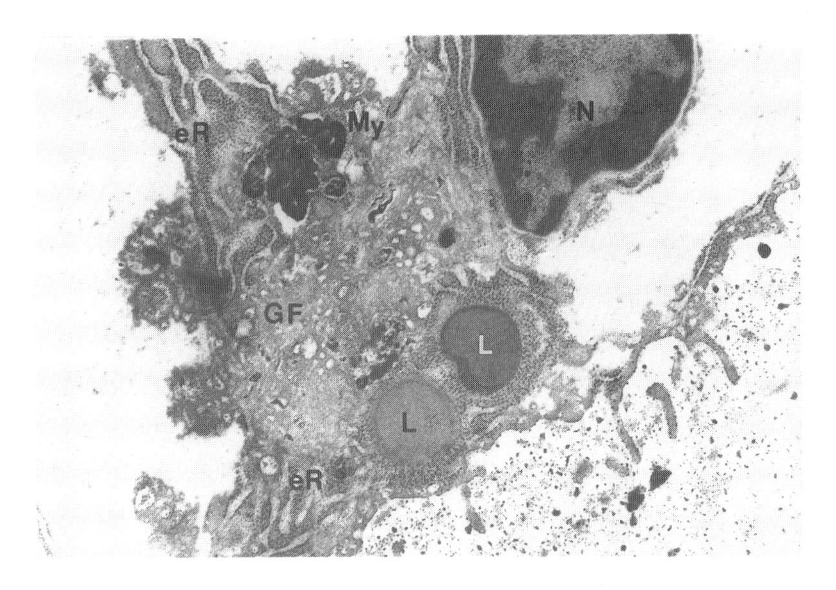

Abb. 34. Durch die abnorme intrazelluläre Speicherung sind das endoplasmatische Retikulum (*eR*) und das Golgi-Feld (*GF*) bereits peripher abgedrängt. Intraplasmatische Fettablagerungen (*L*) und stark kontrastierte Myelinablagerungen (*My*) sind nahe dem Zellkern (*N*) erkennbar. (Ausschnittsvergrößerung aus Abb. 33). Patient 21 Jahre x 21 600

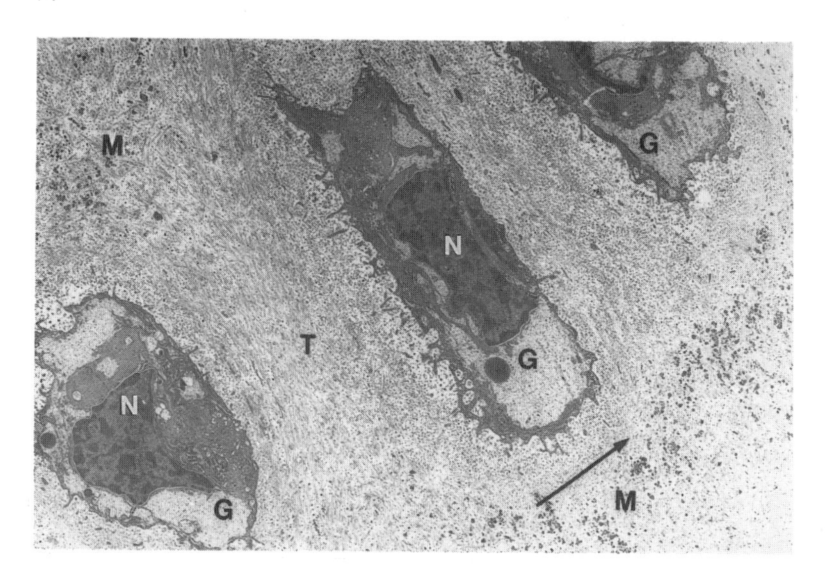

Abb. 35. Knorpelzellen aus der tiefen radiären Schicht unterhalb der Meßschnitthöhe vom Knorpelschaden II. Grades 1 Jahr nach Shaving. Die sonst eher rundlichen Zellen im Bereich der säulenartigen Anordnung erscheinen abgeflacht (*G* ≠ Glykogen, *M* ≠ Matrix, *N* ≠ Nucleus, *T* ≠ Zellhof, ↗ ≠ in Richtung Knorpeloberfläche). Patient 23 Jahre x 4 280

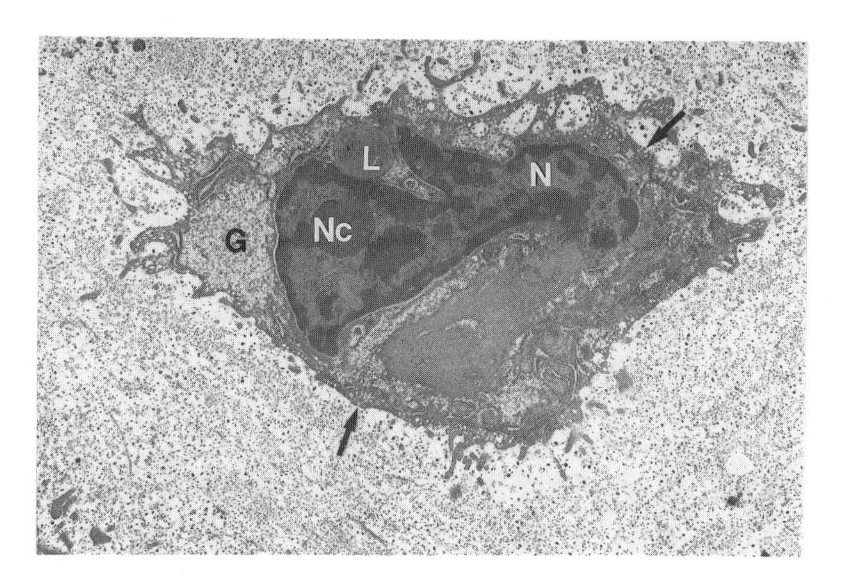

Abb. 36. Knorpelzelle aus der radiären Schicht unterhalb der Meßschnitthöhe bei Knorpelschaden II. Grades 1 Jahr nach Shaving. Die intrazellulären Speicherungen (*G* ≠ Glykogen, *L* ≠ Lipid) sind hier weniger dramatisch. Das Zellorganellsystem ist in funktionsfähiger Ausdehnung angelegt. Auffällig viele Pino- und Exozytosevesikel (→) sind zu sehen (*N* ≠ Nucleus, *Nc* ≠ Nucleolus). Patient 23 Jahre x 8 450

Abb. 37. Im Bereich der kalzifizierenden Zone unterhalb der Meßschnitthöhe findet sich bei drittgradigem Knorpelschaden nach Shaving meist eine diffuse Kalkeinlagerung (*K*) in die Grundsubstanz des Knorpels. Die Kalkeinlagerungen sind jedoch nur selten nadelartig (→) ausgebildet, sondern fleckförmig angelegt. Patient 21 Jahre x 8 980

rungen. Beim Knorpelschaden II. Grades waren die Zellen in dieser Knorpelzone weniger schwer verändert.

Die Zellen lagen meist in einem Zellhof, der zur umgebenden Matrix hin wallartig begrenzt war. Der Zelldetritus lag fast immer außerhalb der territorialen Begrenzung. Die Knorpelzellen wiesen viele längliche, füßchenartige Zellfortsätze auf. Das kollagene Fasernetzwerk außerhalb dieser begrenzten Zellterritorien setzte sich aus auffällig unterschiedlich kalibierten kollagenen Fasern zusammen.

3.4.3 Morphologische Befunde nach Nichtshaving

Auch nach Nichtshaving bildete sich über die bestehenden Spalten im Knorpel hinweg nie die Faserarchitektur der superfizialen Schicht des intakten Knorpels aus (Abb. 38). Jedoch folgten in Meßschnitthöhe beim Knorpelschaden II. Grades aktive Chondrozyten der oberen radiären Schicht, die die typische Längsausrichtung dieser Zone zeigten. Die Zellfortsätze waren im Vergleich zu intakten Verhältnissen meist vermehrt ausgebildet. Die Struktur der territorialen Matrix war jetzt mehr von Kondensationsprodukten des Proteoglykans gekennzeichnet. Angedeutet wallartig war auch die Abgrenzung zur interterritorialen Matrix ausgeprägt (Abb. 39). Im flächenhaft meist gering ausgeprägten Zytoplasma dieser Schicht waren oft myelinhaltige Speicherfiguren (Abb. 40) eingelagert. Um den Zellkern herum war meist ein mehr oder weniger breiter Bezirk von intrazytoplasmatischen Filamenten angelegt (Abb. 41). Die Zellen zeigten in dieser Höhe meist ein kurzstreckig verlaufendes endoplasmatisches Retikulum und dichtgelagert Polyribosomen. Mi-

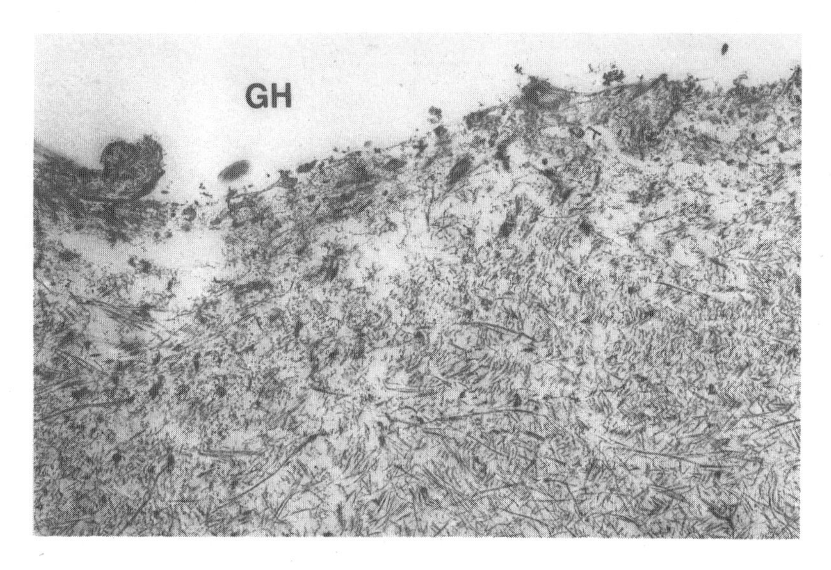

Abb. 38. Auch nach Nichtshaving wird keine kollagene Faserarchitektur aufgebaut, die mit einer intakten superfizialen Schicht zur vergleichen wäre. Gezeigt ist ein typisches Bild der obersten kollagenen Schicht 1 1/4 Jahre nach Nichtshaving (*GH* ≠ Gelenkhöhle). Patient 23 Jahre x 20 400

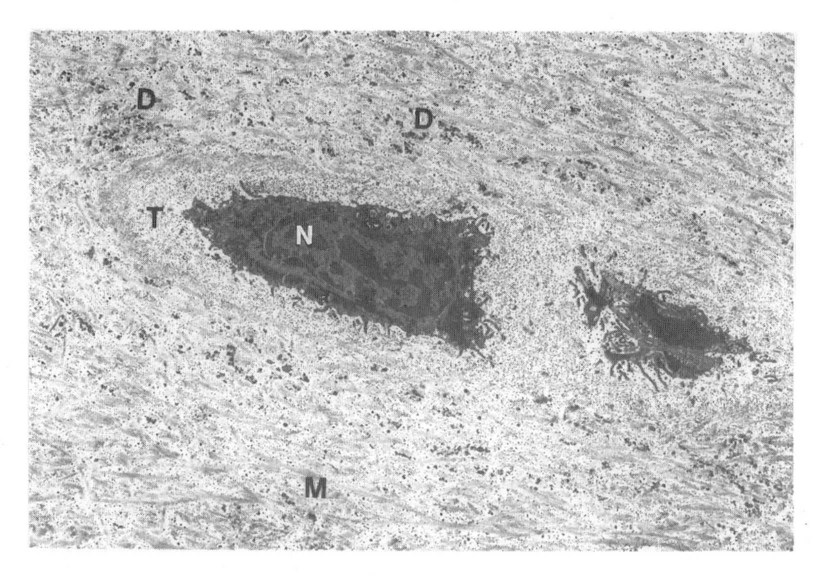

Abb. 39. Die oberhalb der Meßschnitthöhe verbliebenen Knorpelzellen der tangentialen Schicht behalten ihre längliche Form. Im Vergleich zum intakten Knorpel ist in die Grundsubstanz (*M*) vermehrt feines Zelldetritusmaterial (*D*) eingelagert (*N* ≠ Nucleus, *T* ≠ Zellhof). 1 Jahr nach Nichtshaving. Patient 31 Jahre x 5 400

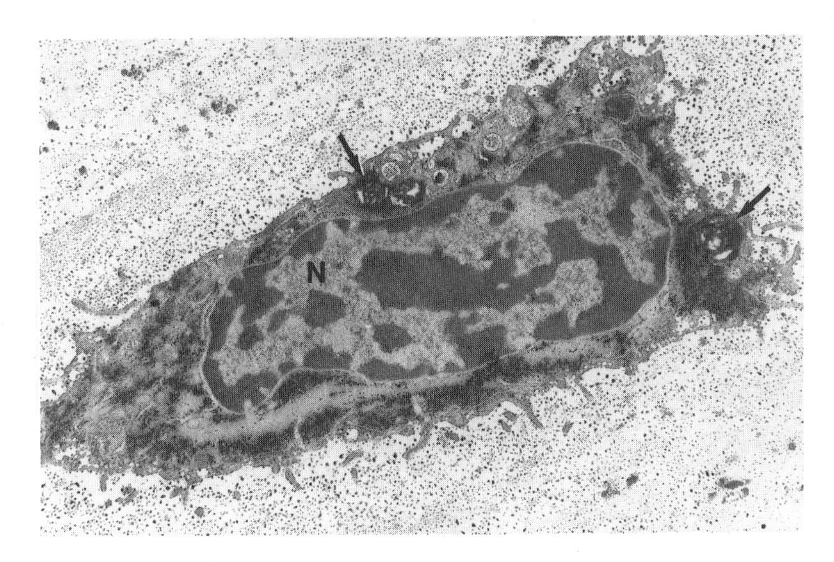

Abb. 40. Die Zellen in dieser Schichthöhe weisen häufig elektronendichte myelinhaltige Speicherfiguren (→) im Zytoplasma auf (*N* ≠ Nucleus), (Ausschnittsvergrößerung von Abb. 39). Patient 31 Jahre x 8 180

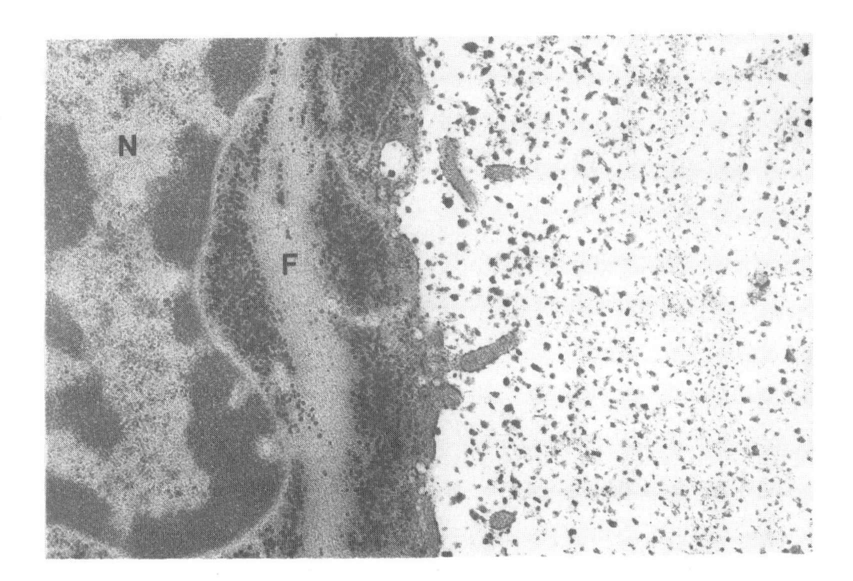

Abb. 41. Im Vergleich zu Zellen der tangentialen Zone des intakten Knorpels zeigen die nach Nichtshaving verbliebenen Zellen dieser Schicht Säume von intrazytoplasmatischem Filament (*F*) in der Nähe des Zellkerns (*N*) (Ausschnittsvergrößerung von Abb. 39). Patient 31 Jahre x 35 900

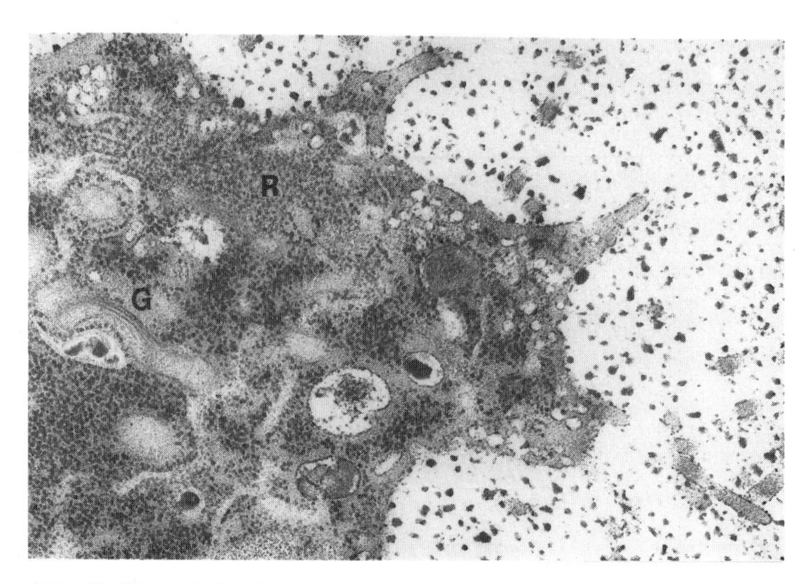

Abb. 42. Knorpelzelle oberhalb des Meßschnittes beim Knorpelschaden II. Grades nach Nichtshaving. Auffällig ist das kurzstreckig verlaufende endoplasmatische Retikulum. Im Vergleich zum ungeschädigten Knorpel sind deutlich vermehrt Ribosomen (*R*) vorhanden (*G* ≠ Golgi-System), (Ausschnittsvergrößerung von Abb. 39). Patient 31 Jahre x 35 900

tochondrien- und Golgi-Felder sowie Pinozytose- und Exozytosevesikeln wiesen diese Zellen im oberen Anteil der Meßschnitte als aktive Zellen aus (Abb. 42).

In der umgebenden interterritorialen Matrix waren nach Nichtshaving deutlich weniger Zelldetrituspartikel eingelagert als nach Shaving. In den tieferen Zonen beim zweitgradigen Knorpelschaden und in Höhe der Meßschnitte beim drittgradigen Knorpelschaden folgten typischerweise große Chondrozyten mit ausgedehnten und langstreckig verlaufenden Kanälen des endoplasmatischen Retikulums (Abb. 43, 44). Diese intraplasmatischen Formationen und ausgedehnten Golgi-Felder wiesen diese Chondrozyten auch im Vergleich zum intakten Knorpel als ausgesprochen hochaktive Zellen aus. Eine übermäßige Speicherung von Synthesematerial und -produkten im Zellplasma fehlte diesen Zellen im Vergleich zu Knorpelzellen nach Shaving aus gleicher Schichthöhe. Die Zellfortsätze waren oft fingerförmig und ragten in gering ausgebildete Zellhöfe mit Proteoglykankondensaten. Diese Zellen mit hochreaktiven Zellorganellen (Abb. 44) und Zellfortsätzen, die sich parallel an die Zellperipherie anlegen oder sich zur Zytoplasmabegrenzung abwinkeln, sind als „distressed cells“ anzusehen [65].

Chondrozyten in Meßschnitthöhe nach Nichtshaving hatten um intrazytoplasmatische Speicherungen von Synthesematerialien oft regelrechte Spiralen und Straßen des endoplasmatischen Retikulums angelegt.

In Meßschnitthöhe nach Nichtshaving zeigten die Zellen viel häufiger eine intakte und funktionsgerechte Anordnung von Speicherprodukten und Zellorganellen, als es für Knorpelzellen nach Shaving typisch war.

Nahe den tieferen Fissuren beim nicht geshavten Knorpel warten oft Bilder wie in den Abb. 45 und 46 zu finden: Die Knorpelmatrix war unregelmäßig strukturiert und mit Detritusmaterial durchsetzt. Die Knorpelzellen erweckten den Eindruck, als würden sie ihr

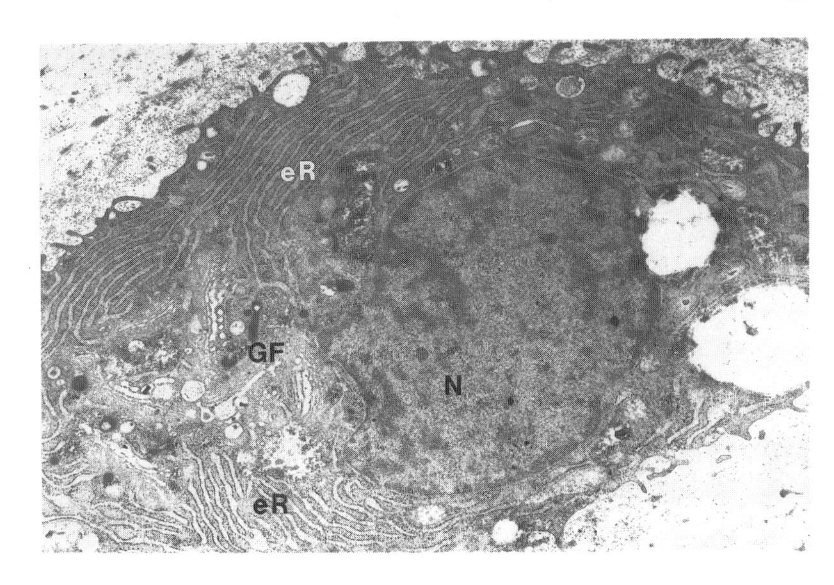

Abb. 43. Knorpelzelle aus Meßschnitt beim drittgradigen Knorpelschaden 1 Jahr nach Nichtshaving. Die Zelle besitzt ein ausgesprochen weitläufig angelegtes endoplasmatisches Retikulum (*eR*) und ein gut ausgeprägtes Golgi-Feld (*GF*), (*N* ≠ Nucleus). Patient 26 Jahre x 9 860

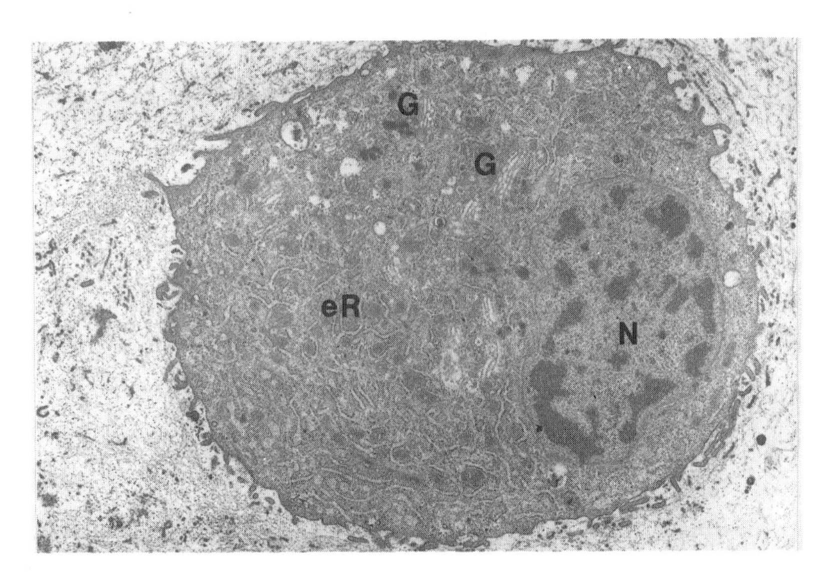

Abb. 44. Chondrozyt aus einem Meßschnitt bei Knorpelschaden III. Grades und 1 1/4 Jahre nach Nichtshaving. Das gesamte Zytoplasma ist angefüllt mit einem Verbundsystem von hochaktiven Zellorganellen (*eR* ≠ endoplasmatisches Retikulum, *G* ≠ Golgi-Feld, *N* ≠ Nucleus). Patient 24 Jahre x 8 450

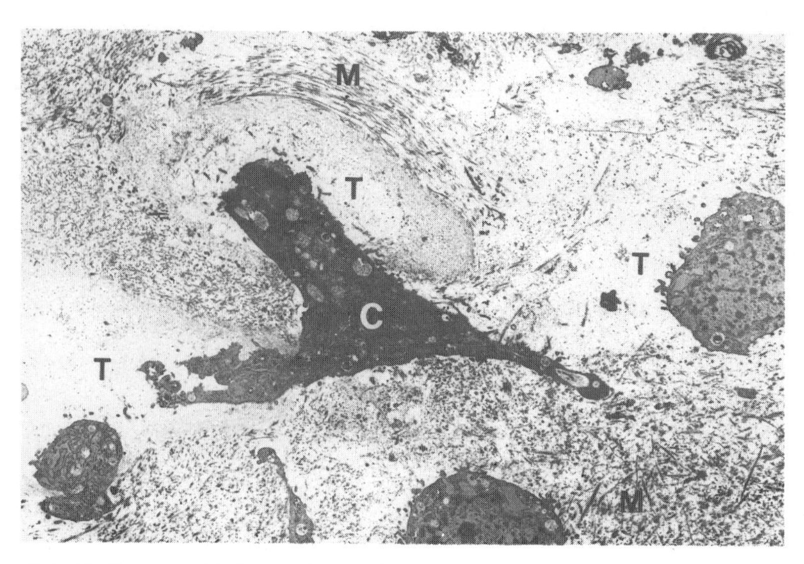

Abb. 45. Derartige Bilder von Knorpelzellen waren fast ausschließlich 1 Jahr nach Nichtshaving zu finden. An tiefe Fissuren angrenzend erweckten die Knorpelzellen (*C*) den Eindruck, als würden sie durch Migration die Mikroumgebung aktiv gestalten (*M* ≠ *Matrix*, *T* ≠ *Zellhof*). Patient 25 Jahre x 4 280

ursprüngliches Zellterritorium verlassen oder auch in einen Zellhof einwandern, in dem sich bereits Knorpelzellen aufhielten. Ob diese Zellen im Begriff waren, einen neuen Zellhof anzulegen oder in einen bestehenden einzuwandern, kann mit den fixierten statischen Bildern nicht entschieden werden. Es wird aber belegt, daß die Zellen aktiv ihre makroskopisch veränderte Gewebestruktur mitgestalteten. Die Abb. 46 und 47 verdeutlichen, daß diese Knorpelzellen mit Migrationszeichen hochaktive Zellorganellen besitzen. Die Zellen benötigen diese Organellen, um die Mikroumgebung mit teils stark ausgeprägten Zellhofgrenzen und dichtgelagerten kollagenen Fasern zu durchwandern oder neu aufzubauen.

Ob aus diesen Knorpelzellaktivitäten letztlich brutkapselartige Formationen (Abb. 48) entstehen, konnte morphologisch nicht nachgewiesen werden. In diesen Zonen waren nach Nichtshaving Knorpelzellnester mit unterschiedlich aktiven Zellen anzutreffen (Abb. 48–50). Nach Shaving waren derartige Zellgebilde jedoch so gut wie nie nachweisbar.

Die interterritoriale Matrix nach Nichtshaving wies in allen Schichthöhen deutlich weniger Zelldetritus auf als nach Shaving. Im Bereich der Meßschnitte lag fast immer eine intakte dreidimensionale Vernetzung der kollagenen Faserarchitektur vor. Im Bereich der kalzifizierenden Zone waren die Kalkeinlagerungen deutlich geringer als nach Shaving (Abb. 51). Die anteilig dick kalibrierten kollagenen Fasern wiesen auf eine funktionsfähige Verankerung dieser Zwischenzone auf dem subchondralen Knochen hin.

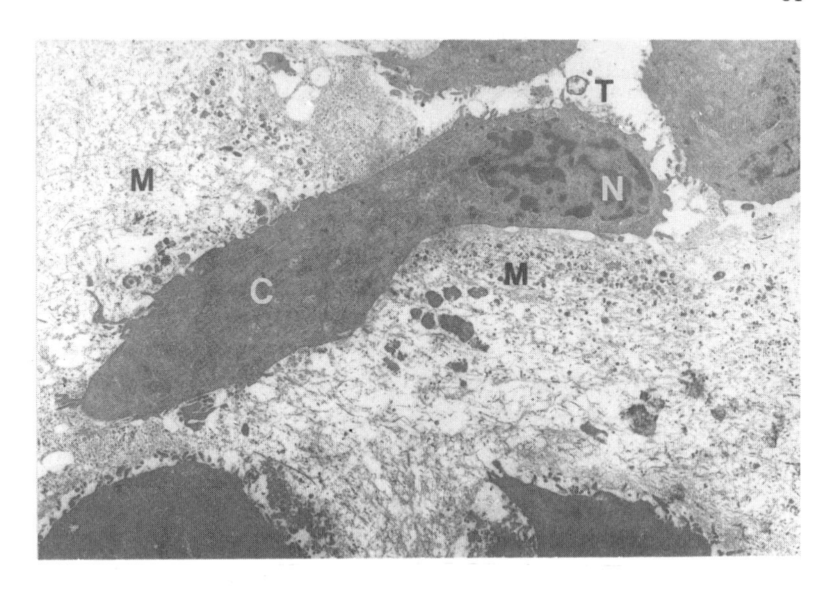

Abb. 46. Die Knorpelzelle (*C*) erweckt den Eindruck der Migration. Ob sich diese Zelle in Richtung der im Zellhof (*T*) liegenden Zellen bewegt oder diesen verläßt, kann nicht entschieden werden ($M \neq$ Matrix, $N \neq$ Nucleus). 1 1/4 Jahre nach Nichtshaving. Patient 29 Jahre x 3 490

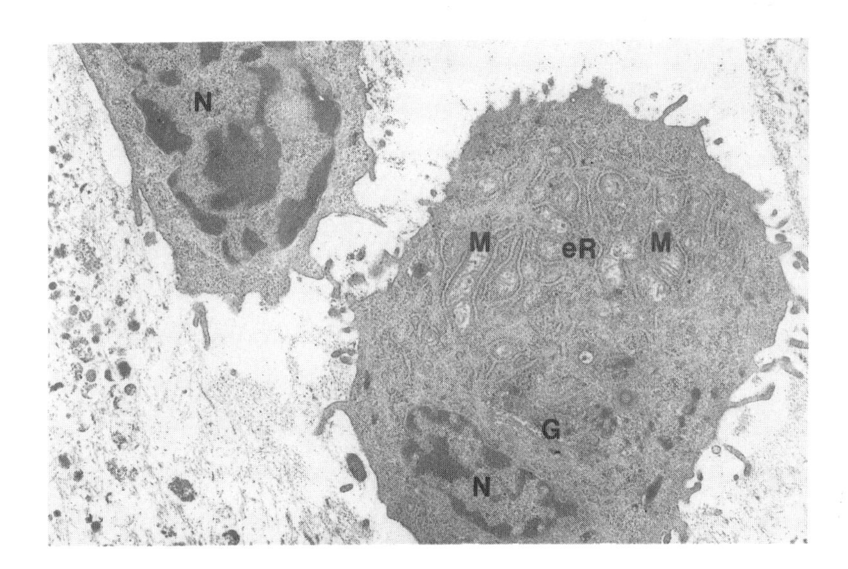

Abb. 47. Die Knorpelzellen, die im Zellhof liegen, besitzen durchweg ein hochaktives Zellorganellensystem ($eR \neq$ endoplasmatisches Retikulum, $G \neq$ Golgi-System, $M \neq$ Mitochondrien, $N \neq$ Nucleus), (Ausschnittsvergrößerung aus Abb. 46). Patient 29 Jahre x 8 730

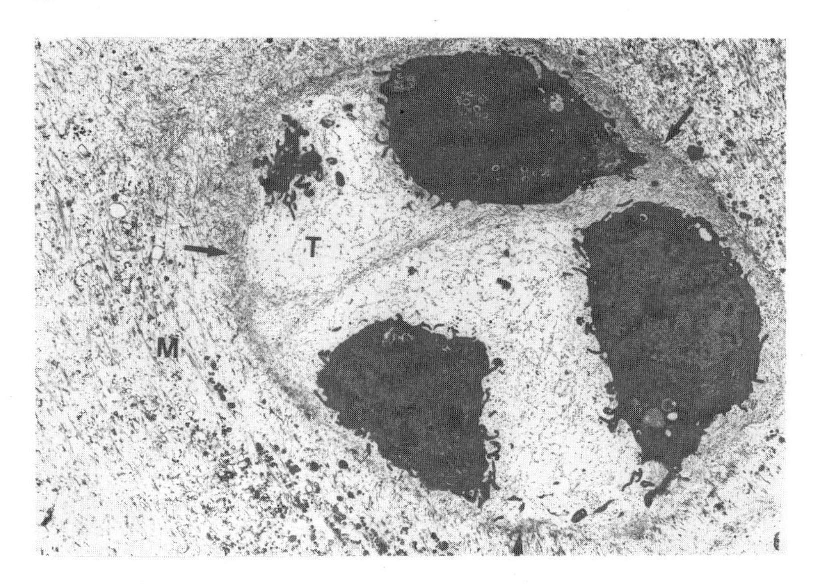

Abb. 48. Brutkapselartige Lage (→, $T \neq$ Zellhof) von Knorpelzellen aus der tiefen radiären Zone unterhalb der Meßschnitthöhe beim Knorpelschaden II. Grades 1 1/2 Jahre nach Nichtshaving. Patient 26 Jahre x 4 750

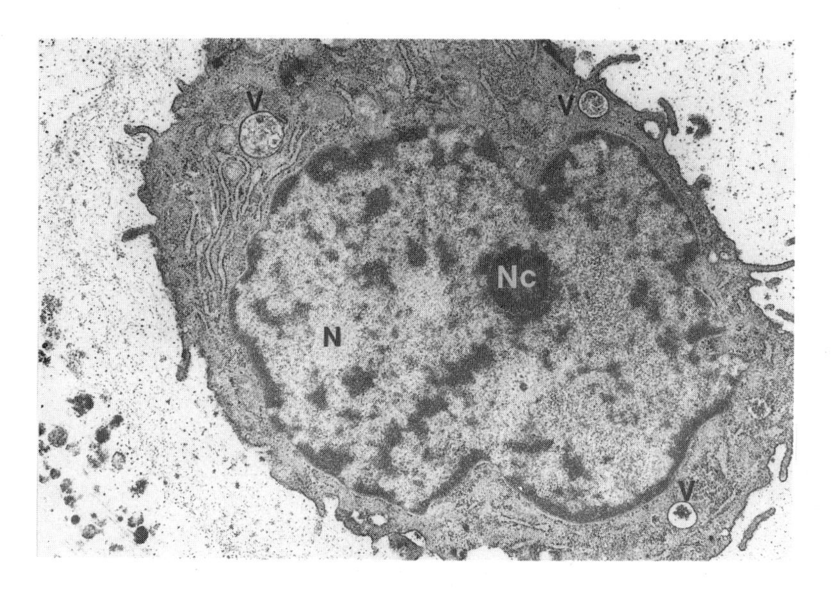

Abb. 49. Die Zellen der brutkapselartigen Formation besitzen ein intaktes Zellorganellensystem ($N \neq$ Nucleus, $Nc \neq$ Nucleolus) und mehrere einfach lamellierte Vesikel (*V*) mit resorbiertem Material (Ausschnittsvergrößerung aus Abb. 48). Patient 26 Jahre x 12 000

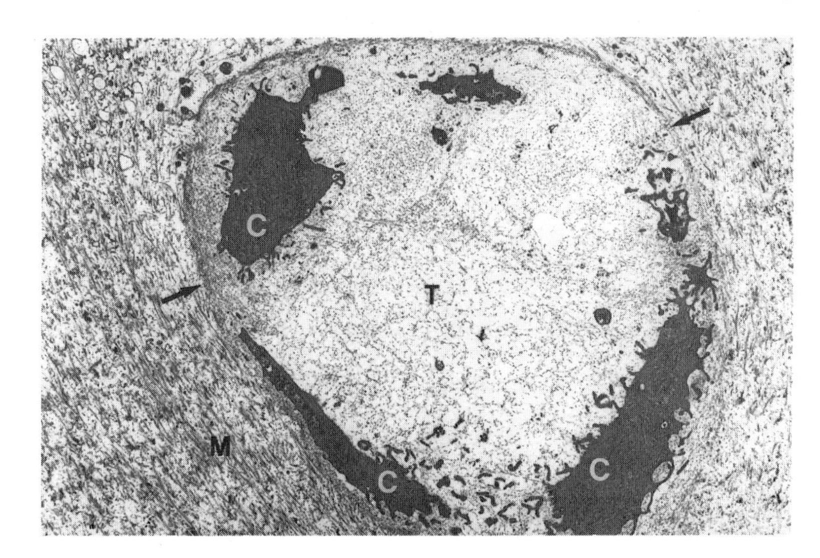

Abb. 50. Brutkapselformation (→) aus einem Meßschnitt beim Knorpelschaden III. Grades 1 1/4 Jahre nach Nichtshaving. Der Zellhof (*T*) ist angefüllt mit Proteoglykankondensat. Die Zellen (*C*) besitzen lange Fortsätze (*M* ≠ Matrix). Patient 24 Jahre x 4 750

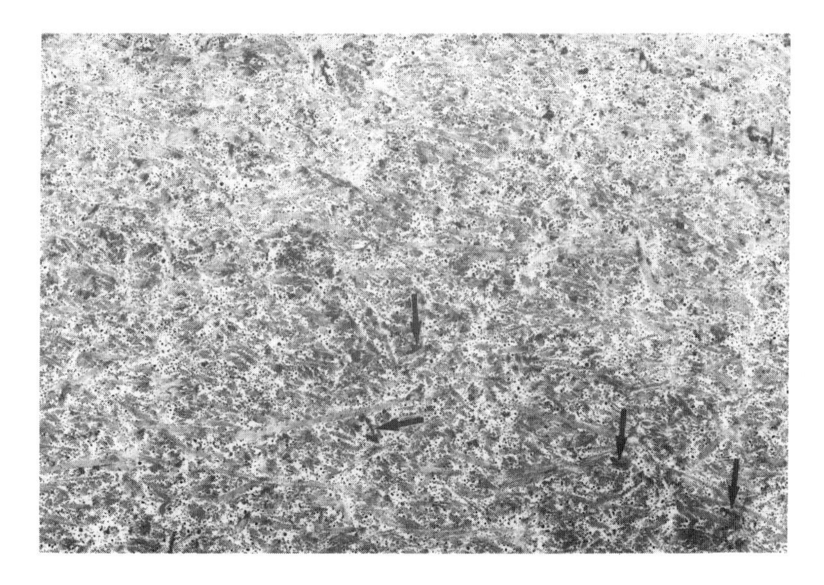

Abb. 51. Kalzifizierende Zone bei einem Knorpelschaden II. Grades 1 1/2 Jahre nach Nichtshaving. Im Vergleich zu Befunden nach Shaving ist die Kalkeinlagerung (→) nur angedeutet erkennbar. Patient 21 Jahre x 4 750

4 Diskussion

Outerbridge veröffentlichte 1961 neue Überlegungen zur Ätiologie der Chondropathia patellae [120]. Makroskopische Aspekte an der Patellarückfläche im Rahmen von Innenmeniskusentfernungen veranlaßten ihn dazu. Die pathologische Veränderung war im Frühstadium eine Knorpelerweichung. Diese wurde gefolgt von blasiger Knorpelabhebung ohne Einriß der Knorpeloberfläche. In späteren Stadien war die Knorpelblase eingerissen. Schließlich begann sich der Knorpel schichtweise so abzuspalten, daß im geschädigten Areal noch Knorpelsubstanz auf dem subchondralen Knochen verblieb. Als auslösenden Mechanismus machte Outerbridge übermäßige Scherkräfte verantwortlich. Diese würden nach seinen Überlegungen an einer nichtabgeflachten Gelenkflächenkante medial proximal am femoralen Gleitlager der Kniescheibe entstehen. Outerbridge konnte seine klinischen Beobachtungen durch Sektionsbefunde stützen.

1964 gab Outerbridge ein Verfahren an, um im Frühstadium den erweichten oder in späteren Stadien den eingerissenen retropatellaren Knorpel zu behandeln [121]. Der geschädigte retropatellare Knorpel wurde dabei in der Knorpelsubstanz tangential mit einem Messer abgetragen. In seiner Publikation konnte er bereits ein speziell entwickeltes Messer mit elastisch schwingender Klinge abbilden lassen. Das Abtragen des geschädigten Knorpels mit dem Ziel, in einer tieferen Knorpelschicht wieder eine glatte Gelenkoberfläche zu schaffen, wurde von ihm zum erstenmal mit Shaving bezeichnet. Die Chondromalazie im Stadium der Blasenbildung sollte dadurch gestoppt oder zumindest der Erkrankungsverlauf verlangsamt werden.

Nur bei einem Patienten, der 1 1/2 Jahre nach dem Shaving an einem Verkehrsunfall verstarb, konnte Outerbridge die Auswirkung des Shavings kontrollieren. Bei der Autopsie zeigte sich, daß das geshavte Areal mit glattem Narbengewebe bedeckt war. Die Knorpelerweichung hatte sich nicht ausgebreitet.

Besserte sich die Schmerzsymptomatik nach dem Shaving, konnte Outerbridge diese Veränderung nicht allein auf das Knorpelglätten zurückführen. Denn alle Patienten, bei denen ein Shaving ausgeführt wurde, wurden wegen eines Innenmeniskusschadens arthrotomiert. Bei allen Patienten wurde auch der Innenmeniskus entfernt, und bei mehr als der Hälfte dieser Patienten wurde ein retropatellarer Knorpelschaden zusätzlich geshavt.

Änderte sich nach dem Shaving das Schmerzempfinden des Patienten, so war anzunehmen, daß die Meniskussanierung hauptsächlich dafür verantwortlich war. Durch die zur retropatellaren Inspektion weit nach proximal reichende Arthrotomie mußten an der medialen Patellaseite Endbahnen sensibler Nervenfasern durchtrennt werden. Aufgrund des schichtweisen Wundverschlusses änderte sich zudem die Fixierung der Kniescheibe zum obliquen Teil des M. vastus medialis. Dieses Vorgehen allein wird als Therapieverfahren bei einer Chondropathia patellae angewandt. Outerbridge konnte für das von ihm vorgestellte Therapieverfahren Knorpelshaving somit keinen eindeutigen Nachweis der andauernden kausalen Wirksamkeit vorlegen. Es waren zu viele Faktoren gleichzeitig verändert worden.

Obwohl die Langzeitwirkung des Shavings ungeklärt blieb, paßte sich der intraoperativ augenblicklich erreichte Effekt schlüssig in ein Gedankengebäude ein [53]. In der Technik zeigen mechanisch funktionierende Gelenke und Getriebe nur dann einen reibungslosen Lauf, solange glatte Oberflächen vorliegen. Getriebe mit aufgerauhten Laufflächen überhitzen sich. Durch Nachschleifen der Oberflächen kann in der Technik wieder ein reibungsloses Gleiten erreicht werden. In Analogie zur Technik war es plausibel, den schadhaften Teil abzuhobeln und in der gleichen Substanz, aber geringfügig tiefer eine neue glatte Oberfläche zu schaffen.

Shavinginstrumente wie Patellahobel und elastisch federnde Shavingmesser kamen auf den Markt. Zur gleichen Zeit wurde vielfach vor einer allzu mechanischen Betrachtungsweise beim Funktionieren biologischer Gelenke gewarnt [38]. Biochemische, biomechanische und morphologische Forschungsarbeiten verbesserten zu dieser Zeit den Erkenntnisstand über das Funktionieren biologischer Gelenke.

In biochemischen Analysen konnte nachgewiesen werden, daß in einem geschädigten Knorpel selbst ein gesteigertes Potential von Enzymen vorhanden ist und dadurch Proteoglykane und kollagene Fasern des Knorpels abgebaut werden können [149]. Als Vorteil des Shavings wurde es jetzt angesehen, daß durch das Herausschneiden der geschädigten Knorpelsubstanz der benachbarte intakte Knorpel vor einer Selbstandauung des Knorpels geschützt wurde [42, 56]. Die Wirkung, die vom Shaving selbst ausging, war damit wiederum nicht nachgewiesen. Die vermutete Wirkungsweise des Shavings paßte sich lediglich plausibel in ein akzeptiertes Gedankengebäude ein.

Das zahlenmäßig am häufigsten zum Erkennen von Knorpelschäden angewandte Verfahren war die Röntgendiagnostik. Die Methode war dafür wenig sensitiv. Dargestellt werden konnten die Gelenkspaltweite und die Abweichung der subchondralen Knochenschicht vom Normalzustand. In Abhängigkeit vom Ausmaß der Abweichung vom Normalzustand konnte auf einen Knorpelschaden schlußgefolgert werden. Zum direkten Inspizieren des Knorpels am Kniegelenk verblieb als invasive Methode die Arthrotomie. Fortgeschrittene Knorpelschäden und der partielle Verlust von Knorpel waren unter klinischen Bedingungen die am häufigsten gesehenen Knorpelschäden. Zahlenmäßig relevant wurden Therapieverfahren für weitfortgeschrittenen Knorpelverschleiß wie die Pridie-Bohrung und die Umstellungsosteotomie unter klinischen Bedingungen angewandt. Mit Knorpelschäden in einem früheren Stadium und dem Shaving als Therapieverfahren wurden Chirurgen bis zum routinemäßigen Einsatz der Kniegelenkspiegelung seltener konfrontiert. Mit der Anwendung der Arthroskopie seit 1980 in unserer Klinik stellte sich täglich oft mehrmals die Frage nach der Behandlung von Knorpelschäden. Simultan mit der Einführung der Arthroskopie des Kniegelenks stieg die Gesamtzahl der operativen Eingriffe an Kniegelenken rasch an. Zum einen wurden rein diagnostische Arthroskopien durchgeführt. Dadurch konnten Kniebinnenschäden exakt erkannt und die Indikation für den definitiven Eingriff durch eine Arthrotomie gestellt werden. Mit den operativen Ersteingriffen ergab sich häufig – bedingt durch das chirurgische Vorgehen – planmäßig die Indikation für einen Zweiteingriff.

Eine weitere Steigerung der Zahl der Kniegelenkeingriffe ergab sich durch die Entwicklung der Arthroskopie weg von einer rein diagnostischen Methode hin zu einem kombinierten diagnostischen und therapeutischen Verfahren. Durch Instrumentenentwicklungen ließ sich eine große Zahl von Eingriffen unter arthroskopischen Bedingungen durch führen. Selbst das Shaving war unter den wenig belastbaren Bedingungen der Arthroskopie möglich geworden [13].

Es bestand nun Bedarf und v.a. auch die Möglichkeit, den Effekt des Shavings unter klinischen Bedingungen mit der Arthroskopie zu prüfen [72, 89]. Dabei bestimmte der Leitgedanke, ob Knorpelglättung oder Knorpelshaving den Verlauf nach einer traumatischen Knorpelschädigung günstig beeinflussen kann, die Auswahl der morphologischen Prüfmethode. Bei tierexperimentellen Versuchen waren bisher die Lichtmikroskopie mit speziellen Färbemethoden, die Rasterelektronenmikroskopie (REM) und die TEM angewandt worden [34, 65, 111, 127].

Als Prüfmethode der Studie wurde die TEM ausgewählt. Die Gründe hierfür beruhten zum einen auf den Nachteilen der Licht- und Rasterelektronenmikroskopie, zum anderen auf den Vorteilen der TEM [88].

Mit der Lichtmikroskopie konnten die Veränderungen am Knorpel, die ca. 1–2 Jahre nach Shaving oder im natürlichen Verlauf aufgetreten waren, zwar im Vergleich zum intakten Knorpel unterschieden werden. Das Erkennungsvermögen der Lichtmikroskopie ließ sich jedoch nicht weiter aufspreizen, um die Schweregrade der Schädigung in den frühen Stadien unterscheiden zu können. Zudem mußten aus ethischen Gründen die Stanzzylinder in der klinischen Studie klein gehalten werden. Auch wegen der Begrenztheit der Gewebeproben war lichtmikroskopisch auf die gestellte Frage keine klärende Antwort zu erwarten.

Für das Auflösungsvermögen der REM hätte der kleine Stanzzylinder keine Schwierigkeiten bereitet. Gerade diese Prüfmethode hatte sich als geeignet erwiesen, Oberflächenbeschaffenheiten zu beurteilen. Die REM war spezifisch genug, jede intakte Gelenkfläche als solche zu erkennen. Auch wies sie eine sehr hohe Sensitivität auf, um jede aufgerauhte Gelenkoberfläche in ihrem pathologischen Zustand zu zeigen.

Aus früheren Untersuchungen war aber bekannt, daß für die Verhältnisse der REM sowohl nach Shaving als auch nach Nichtshaving entsprechend den Studienbedingungen beide Male pathologisch aufgerauhte Gelenkoberflächen vorgelegen hätten. Es wäre äußerst schwierig gewesen, für diese Prüfmethode einen Parameter zu finden, der meßbar die unterschiedliche Wertigkeit der alternativ angewandten Therapieverfahren aufgezeigt hätte.

Die TEM dagegen genügte den Anforderungen des Leitgedankens. Diese Prüfmethode war spezifisch genug, um jede intakte Gelenkfläche als solche zu erkennen. Sensitiv war auch jede krankhaft veränderte Knorpeloberfläche als solche bildgebend zu erfassen. Dabei war die Sensitivität der Methode so weit aufgespreizt, daß Reaktionen und Veränderungen dort zu erkennen waren, wo diese am frühesten zu erwarten waren. Die Abbildung genau der Gewebeschicht, die unmittelbar unter der neu geschaffenen Knorpeloberfläche liegt, war in hoher Vergrößerung darstellbar. In dieser Schicht konnten am lebenden und reagierenden Strukturelement Knorpelzelle die Veränderungen analysiert werden. Diese hohe Sensitivität prädestinierte die TEM zum Prüfverfahren der Studie.

Outerbridge hatte die Therapiemethode Knorpelshaving für pathologische Veränderungen an der Kniescheibenrückfläche angegeben. War es bei dieser Vorgabe überhaupt erlaubt, das Therapieverfahren in seiner Wirkung bei traumabedingten Knorpelschäden in der Belastungszone der medialen Femurkondyle zu überprüfen?

Die klinische Erfahrung hatte gezeigt, daß im Rahmen einer Verletzung des Kniegelenks die Belastungszone der medialen Femurkondyle häufig von einem lokal begrenzten Knorpelschaden betroffen war [92, 109] Auch Bilder fortgeschrittener Knorpelveränderungen und fokale Spätschäden waren in der Belastungszone der medialen Femurkondyle bekannt. Eine mögliche prozeßhafte Fortentwicklung eines kleinen Knorpelschadens zu einer ausgedehnten Schädigung konnte über einen multifaktoriellen Circulus vitiosus ablaufen [108]. Shaving von Knorpelflächen war aber speziell dafür entwickelt worden, beginnende und prozeßhaft fortschreitende Knorpelschäden in einem Frühstadium anzugehen. Durch Shaving sollte das Schadensausmaß begrenzt und der Schadensverlauf gestoppt oder zumindest verzögert werden [93]. Dieser günstige Wirkungsmechanismus des Shavings war zwischenzeitlich nicht mehr nur für den schadhaften retropatellaren Knorpel angenommen, sondern für den geschädigten Knorpel allgemein akzeptiert worden. Die Überprüfung der Wirkung des Shavings war deswegen gerade in der medialen Femurkondyle sinnvoll, da hier häufig Frühstadien von Knorpelsubstanzschäden vorgefunden wurden.

Durch die Wahl der medialen Femurkondyle zur Prüfstelle war auch nicht mit störenden Auswirkungen durch abnorme Varianten von Gelenkflächen zu rechnen [68]. Ein Einfluß der Gelenkflächenvarianten im Sinne einer strukturellen Arthroseentstehung und -beschleunigung hätte bei der Wahl der Patellarückfläche als Prüflokalisation des Shavings berücksichtigt werden müssen [106]. Zudem war die Belastungszone der medialen Femurkondyle für ein Shavingmanöver und für die Gewebeprobenentnahme sowohl bei einer Arthroskopie als auch bei einer Arthrotomie gleich gut zugänglich [93].

Bei der gewählten Klassifikation der Knorpelschäden wurde die Flächenausdehnung des Schadens im Erhebungsbogen zwar registriert, bei der elektronenoptischen Auswertung wurde diese Schadenseigenschaft aber weder bei der statistischen noch bei der morphologischen Beurteilung berücksichtigt. Hatte die verschiedene Flächengröße des Knorpelschadens nicht auch von Fall zu Fall einen recht unterschiedlichen Einfluß auf die ultrastrukturellen Knorpelreaktionen?

Die unter den klinischen Bedingungen vorgefundenen Knorpelschäden hatten neben dem gemeinsamen Klasseninhalt, der durch die Schadenstiefe berücksichtigt und definiert wurde, auch eine prinzipielle Gemeinsamkeit hinsichtlich der Flächenausdehnung des Schadens. Die Schadensausdehnung bewegte sich in einem Flächenrahmen von 1,5 cm im Durchmesser bis zu Arealen von 2 x 3 cm.

Ein wesentlicher Unterschied mit Beeinflussung der Ultrastruktur hätte theoretisch dann vorgelegen, wenn auch Knorpelschäden nach annähernd punktuellen Stichverletzungen registriert worden wären. Der entscheidende Unterschied zu allen klinisch tatsächlich vorgefundenen Schäden wäre hier gewesen, daß kein Strukturschaden im Sinne eines Verlustes von Knorpelsubstanz durch den Schädigungsmechanismus aufgetreten wäre. Bei einer punktuellen Stichverletzung wäre der Verletzungsmechanismus durch ein Auseinanderdrängen von Knorpelsubstanz zu beschreiben gewesen. Eine derartige Stichverletzung hätte bei Zuteilung zum Nichtshaving durch Cartilage flow zu einer annähernden Ad-integrum-Ausheilung führen können [65]. Unter den klinischen Bedingungen der Studie lag jedoch immer ein Knorpelschaden mit vergleichsweise ausgedehnter Schädigung und einem Knorpelsubstanzverlust vor. Insofern war für die elektronenoptische Auswertung bei allen in der Studie erfaßten Fällen auch hinsichtlich der Flächenausdehnung eine Gemeinsamkeit gegeben.

Nach klinisch relevanten Gesichtspunkten mußte festgelegt werden, an welchem Schadensausmaß des Knorpels die Haupteinflußgrößen Shaving oder Nichtshaving geprüft werden sollten. Aus den tierexperimentellen Untersuchungen war der Erkenntnisstand abzuleiten, daß minimale oberflächliche Knorpelschäden ohne Substanzdefekt und ohne Schichtaufbruch durch die Reaktion des Knorpels ad integrum verheilten. War andererseits der Knorpelschaden so schwer, daß herdförmig die subchondrale Knochenschicht frei lag, so war ein Knorpelshaving – gemäß der gewählten Definition – nicht mehr möglich. Knorpelschäden, die im Schadensausmaß dazwischen lagen, kamen für das Knorpelshaving in Frage.

Um die Wirksamkeit des Shavings erkennen zu können, mußten die Gruppen mit gleichen Ausgangsbedingungen gebildet werden. Eine Klassifikation der Knorpelschäden war dazu erforderlich. Mit der Schadensklassifikation mußte eine reproduzierbare Zuordnung eines gleichen Schadensausmaßes zu einer bestimmten Schadensklasse möglich sein. Bisher aufgestellte Klassifikationen erfüllten die Anforderungen der Studie nicht, da sie sich nicht nach den Grundsätzen einer Klassifikation richteten. Für die Klassenzuordnung bestand meistens kein einheitliches Bezugssystem. Eine Zuordnung zu einer Schadensklasse war beispielsweise durch die intraoperative Beurteilung möglich. Im nachhinein korrigierten aber auch histologische Befunde zusätzlich die Zuordnung zu einer Klasse. Eine derartige Klassifikation war nicht geeignet, intraoperativ eine Schadensklasse eindeutig festzulegen, so daß eine Randomisierung folgen konnte. Andere Klassifikationen umschrieben ihre Klasseninhalte mit qualitativen Begriffen wie „crab-meat"-ähnliche Knorpeloberfläche, Knorpelschäden wir „Octopusfüßchen" und „Waschrumpel" – oder „Reifenprofiloberfläche" des Knorpels [9, 12]. Diese Klassifikationen hatten keine eindeutigen Klasseninhalte und waren in ihrer Zuordnung zu den Schadensklassen nicht reproduzierbar. Drittens fehlten ihnen klare Klassengrenzen. Die in der Studie angewandte Knorpelschadensklassifikation hatte dagegen ein einheitliches Bezugssystem. Intraoperativ mußte bei makroskopischer Inspektion und Palpation mit einem bestimmten Tasthaken die Zuordnung zur Schadensklasse erfolgen. Die Klasseninhalte waren eindeutig definiert und die Klassengrenzen waren exakt festgelegt. Sinnvoll war es, den Schadensbereich zwischen den beiden Schadensklassen, die für das Shaving nicht in Frage kamen, zu unterteilten. Der Grund für diese Unterteilung war durch den Erkenntnisstand über den Schichtaufbau des Knorpels gegeben. Durch die Unterteilung ergaben sich die Schadensklassen II und III. In der Schadensklasse II reichten die Knorpeleinrisse bis in die obere radiäre Knorpelschicht. Das Shavingniveau wurde hier in dieser Schicht gezogen. Die Einrißtiefe und das Shavingniveau beim drittgradigen Knorpelschaden kamen dagegen in der unteren radiären bis in der kalzifizierenden Knorpelschicht zu liegen. Da diese Klassifikation speziell für die Studie aufgestellt worden war, mußte die Tauglichkeit durch mehrere Qualitätskontrollen nachgewiesen werden (Tabelle 1–4) [82].

Die Zuordnung von jeweils vergleichbaren Knorpelschäden zu einer bestimmten Schadensklasse schaffte die Voraussetzung zum Erkennen der Wirksamkeit des Shavings. Bei Strukturgleichheit zum Zeitpunkt der Aufnahme in die Studie und der Zufallszuteilung zu einem alternativen Therapieverfahren konnte am unterschiedlich ausfallenden Ergebnis die Auswirkung des Shavings oder Nichtshavings erkannt werden.

Neben der Klassifizierung der Knorpelschäden trug eine weitere Maßnahme dazu bei, die Strukturgleichheit in der Ausgangsposition zu sichern und die Vergleichbarkeit zu gewährleisten. Die Einschlußkriterien wurden so festgelegt, daß nach klinisch relevanten Gesichtspunkten Patienten in die Studie aufgenommen wurden, die vergleichbare Voraussetzungen hatten.

Die Ausschlußkriterien sollten dagegen alle bekannten Störgrößen eliminieren helfen. Unter den bekannten Störgrößen wurden alle Faktoren zusammengefaßt, die den Knorpelschaden selbst günstig oder ungünstig beeinflussen konnten [55]. Eine methodische Verzerrung des Ergebnisses und eine falsche Bewertung der Haupteinflußgrößen sollten damit vermieden werden.

Die ethischen Voraussetzungen zur zufallsbedingten Zuordnung der Patienten zu den alternativen Therapieverfahren waren gegeben. Zu Beginn der Studie ließ der gesicherte wissenschaftliche Erkenntnisstand keine klare Aussage zu, ob eines der Verfahren dem anderen überlegen sei. War aber die Überprüfungsmethode mit der Entnahme von Stanzzylindern aus Knorpelflächen ethisch zu verantworten? Die örtliche Ethikkommission hatte die Begründung des zu Studienbeginn formulierten Ethikantrages akzeptiert. Im individuellen Fall der Studie war es jeweils ethisch zu vertreten, da nie intaktes Knorpelgewebe beim Lebenden herausgestanzt wurde [67]. Immer war es traumatisch vorgeschädigter Knorpel. Zudem ist das Durchbohren von degenerativ veränderten Knorpelflächen mit dem Ziel, die sklerosierte subchondrale Knochenschicht aufzubohren, ein bis heute gültiges Therapiekonzept. Durch diese sog. Pridie-Bohrung soll Bindegewebe aus dem subchondralen Markraum hervorwachsen können und sich durch eine Metaplasie unter funktioneller Beanspruchung in bindegewebigen Ersatzknorpel umwandeln können. Die besten Ergebnisse dieser Methode lassen sich erzielen, wenn das pilzförmig hervorwachsende Bindegewebe noch von originärem hyalinem Knorpel seitlich gegen einwirkende Scherkräfte geschützt wird [53]. Dieser Effekt wurde jeweils bei der Stanzzylinderentnahme verwirklicht. Bei der Pridie-Bohrung wird allerdings der noch vorhandene, aber geschädigte Knorpelbelag durch den rotierenden Bohrstift zerstört [31]. Prinzipiell stellt die Pridie-Bohrung aber keine Behandlungsalternative zum Shaving dar. Der entstehende Ersatzknorpel ist v.a. bei flächenhaftem Anbohren oder Eröffnen der subchondralen Knochenschicht im Sinne einer Abrasionsarthroplastik wegen der verminderten Widerstandsfähigkeit gegen Scherbelastungen auch dem geschädigten originären Knorpelbelag noch qualitativ unterlegen [103].

Entscheidende Argumente, die die Durchführbarkeit einer solchen Studie mit einer 2. Gewebeentnahme überhaupt in Frage stellten, waren: Sind nicht alle kontrollierten Fälle, ob nun geshavt oder nichtgeshavt, die schlechten Ergebnisse der beiden Verfahren? Für die Aussage der Studie wäre folgende These noch schlimmer gewesen: Nur bei einem der Therapieverfahren sind die schlechten Ergebnisse nachkontrolliert worden. Waren evtl. die Patienten einer der alternativen Verfahren wegen Schmerzen gezwungen, sich dem Zweiteingriff zu unterziehen? Haben etwa alle Patienten mit schlechtem Ergebnis aus Verärgerung über die nicht eingetretene Besserung für den evtl. erforderlichen Zweiteingriff eine andere Klinik aufgesucht?

All diese Fragen unterstellen einer derartigen klinischen Studie die Kontrolle einer Negativauslese oder sogar einer einseitigen Negativauslese. Eine Verzerrung der Ergebnisse und eine falsche Aussage wären die Folgen.

Ernsthafte Gegenargumente ergaben sich aus gesicherten Erfahrungen in der Pilotphase. Nach einer vorausgegangenen diagnostischen Arthroskopie wurden oft programmierte elektive Zweiteingriffe unter Arthrotomiebedingungen durchgeführt. Andererseits hatten häufig Ersteingriffe unter Arthrotomiekonditionen zeitlich absehbare Zweiteingriffe mit arthroskopischen Zugängen zur Folge.

Ein weiteres Gegenargument gegen das Vorliegen einer Negativauslese war: Bisher existiert kein wissenschaftlich gesicherter Erkenntnisstand darüber, daß fokal relativ frühe Knorpelschäden vom studienmäßigen Ausmaß der Klasse II und III eine eindeutig kausale Beziehung zum Auftreten von Schmerzen besitzen [3, 9]. Derzeit kann eine solche Beziehung als eher korrelativer Art angenommen werden [68]. Dies bedeutet, daß beim Vorhandensein von Schmerzen im Kniegelenkbereich neben schmerzverursachenden Auffälligkeiten öfter auch Knorpelveränderungen gefunden werden.

Den noch verbliebenen Argumenten gegen die Durchführbarkeit dieser klinischen Studie war auch durch eine sorgfältige Betreuung der Patienten im Verlauf nach dem Ersteingriff zu begegnen. Die Patienten wurden in einer speziell eingerichteten Kniesprechstunde betreut. Für die Studie konnte damit die Information über das tatsächliche Befinden der Patienten engmaschig registriert werden. Ob Schmerzzustände tatsächlich ausschlaggebend für einen Zweiteingriff waren, konnte objektiviert und notiert werden. In den Tabellen 22–27 wurden alle Fälle, bei denen der Zweiteingriff nicht aus einer geplanten Indikation heraus durchgeführt wurde, mit *N* markiert. So war jederzeit zu überschauen, ob diese Fälle jeweils ein besonders negatives Ergebnis miteinbrachten und ob sich diese Fälle einseitig in einer Therapiegruppe ansammelten. Auch waren die Indikationen für den Zweiteingriff tatsächlich zu erfassen (Tabellen 6–8). Im Rahmen einer klinischen Studie war das Aufzeichnen dieser Informationen eine praktikable Maßnahme, um eine mögliche Negativauslese erkennen zu können. Auch ein mögliches Fernbleiben von der Klinik wegen Unzufriedenheit über das Therapieergebnis wäre für die Studienaussage zu registrieren gewesen.

Outerbridge hatte 1964 angegeben, daß für die erfolgreiche Ausführung des Knorpelshavings elastisch schwingende Messerklingen erforderlich seien. Damit ließ sich das Ziel, eine vollständig glatte Knorpeloberfläche in einer tieferen Knorpelschicht herzustellen, am besten erreichen. Die Übergänge zum intakten Knorpel mußten dabei flach und abgerundet sein. Untereinander durften die Schnittfelder nach makroskopischen Kriterien keine neuen Unebenheiten aufweisen.

Das in der Studie verwendete Chondroplastikmesser erfüllte diese Anforderungen. Dieses Messer war als Stoß- und Zugmesser zu verwenden. Als Zugmesser, mit Schnittrichtung auf den Operateur zu, ließ sich am besten eine glatte Knorpelfläche erzielen. Wegen der großen freistehenden Messerklinge konnte es jedoch nur bei arthrotomierten Kniegelenken benutzt werden. Unter arthroskopischen Bedingungen war bei diesem Messer die Gefahr zu groß, daß unbeabsichtigt Knorpelverletzungen beim Einführen durch die engen Zugangswege gesetzt wurden.

War nach makroskopischen Gesichtspunkten ein gleichwertiges Shavingergebnis mit den relativ starren Klingen und Küretten der arthroskopischen Instrumente überhaupt zu erzielen? War möglicherweise die Forderung nach einer elastisch schwingenden Messerklinge eine Conditio sine qua non für das erfolgreiche Shaving? Bereits in der Pilotphase der Studie war deutlich geworden, daß mit elastischen Klingen bei arthrotomiertem Kniegelenk geshavte Knorpelflächen unter der 5fachen Vergrößerung des Arthroskops und bei Betrachtung in flüssigem Medium eine ebenso glatte Oberfläche zeigten, wie die mit nichtschwingenden arthroskopischen Instrumenten geshavten Knorpelflächen. Auch das Umgekehrte war der Fall: Unter arthroskopischen Bedingungen geshavte Flächen waren durch die erzielte Glätte bei Betrachtung mit bloßem Auge nicht von offen geshavten Flächen zu unterscheiden. Qualitätskontrollen in der Studie bestätigten dies (Tabelle 3).

Der zeitliche Aufwand für das Glätten unter arthroskopischen Bedingungen war aber jeweils größer als der Aufwand mit der ca. 3 cm langen Messerklinge bei offenem Shaving. Unter arthroskopischen Bedingungen konnten scharf geschliffene Ringküretten, stirnseitig schneidende Stoßmesser mit seitlich geschützter Klinge und auch seitschneidende Messer eingesetzt werden. Wegen der Klingenbreite von nur 2–7 mm war ein subtiles Nacharbeiten erforderlich. Die 5fache Vergrößerung durch die Optik des Arthroskops gewährleistete beim Shaving jedoch eine exakte optische Kontrolle.

Die elektronenmikroskopische Untersuchung der Präparate wurde nach 2 sich gegenseitig stützenden Arbeitsmethoden vorgenommen. Zum einen wurde eine morphometrische Zählung mit statistischer Analyse durchgeführt. Als 2. Auswertungsmethode wurden die elektronenoptischen Bilder morphologisch beschrieben.

Voraussetzung für eine morphometrische Analyse war, daß von einem Strukturanteil des Knorpels das Erscheinungsbild und die Funktion des Erscheinungsbildes bekannt waren. Im Hinblick auf die Fragestellung der Studie und die Untersuchungsmethode war dies am zuverlässigsten von der Knorpelzelle bekannt.

Die Knorpelzelle ist die kleinste lebende Einheit des Knorpels. Erscheinungsbilder der intakten Knorpelzelle sind bekannt und wurden in dieser Studie unter standardisierten Bedingungen anhand von Knorpelmaterial von Organspendern erarbeitet. Die Funktion des intakten Chondrozyten ist es, die umgebende Knorpelsubstanz mit Substraten zu ver- und entsorgen und dadurch die Integrität des Knorpels als funktionsfähiges Gewebe aufrecht zu erhalten [45].

Wird die Knorpelzelle geschädigt oder zerstört, ändert sich ihr Erscheinungsbild und ihre Funktion. Bei hinreichend intensiver und ausgedehnter Schädigung von Knorpelzellen resultiert auf längere Zeit ein Knorpelsubstanzdefekt.

Das morphologische Erscheinungsbild einer Knorpelzellnekrose war bekannt [65, 123]. Die Definitionskriterien ergaben sich aus dem funktionellen Versagen von Zellorganellen, wie Auflösung der Kern- und der Zellmembranen [23].

Aufgrund dieses Zusammenhangs zwischen Strukturbild und Funktion bzw. Funktionsverlust waren die Knorpelzellnekrose und deren zahlenmäßiges Auftreten am besten geeignet, um auf die Frage der Studie eine Antwort geben zu können [8, 54, 57]. Zellnekrosen waren in dem durch Trauma vorgeschädigten Knorpel im Vergleich zum intakten Gelenkknorpel vermehrt vorhanden. Dies war durch den Vergleich des intakten Gelenkknorpels der Organspender mit den Ausgangsbefunden der Testgruppen gesichert (Tabelle 9, 10, 16, 17). Es war zu erwarten, daß sich die Zahl der Knorpelzellnekrosen durch Shaving oder Nichtshaving in die eine oder andere Richtung verändern würde. Dabei war die Einzelzellnekrose ein hinreichend subtiler Parameter, der die Richtung der Veränderung angeben konnte, noch bevor eine makroskopische Veränderung am Knorpel sichtbar wurde.

Die Elektronenmikroskopie war andererseits ein Prüfverfahren, mit dem das Zielkriterium Knorpelzellnekrose sicher und eindeutig bewertet werden konnte.

Zur morphometrischen und statistischen Analyse schädigender oder positiver Einflüsse auf den Gelenkknorpel war im Tierversuch das Ultrastruktur-Chondrozyten-Testsystem entwickelt worden [4]. Bei dieser elektronenoptischen Auswertungsmethode werden Zellorganellen wie die Zahl der Golgi-Apparate gezählt und Organellen wie das endoplasmatische Retikulum in der Längenausdehnung vermessen. Die Meß- und Zählvorgänge nach diesem Testsystem können jedoch nur an intakten Chondrozyten der mittleren Knorpelschicht vorgenommen werden. Liegen viele morphologisch schwer degenerativ veränderte Knorpelzellen vor – wie unter den Bedingungen dieser Studie –, so wäre dieses Auswertungssystem nicht praktikabel gewesen oder eine Verzerrung des Ergebnisses wäre die Folge gewesen. Entwickelt wurde das Ultrastruktur-Chondrozyten-Testsystem zur Messung pharmakologischer Einflüsse auf den Gelenkknorpel [4, 5]. Bei geringfügigen Knorpelveränderungen mag dies eine spezifische Analysetechnik sein [6, 7]. Für die vorliegende Studie hätte nach den Richtlinien der Morphometrie der strenge Zielbezug zwischen analysiertem Strukturanteil und der Fragestellung gefehlt. Die Meßgenauigkeit beim Ultrastruktur-Chondrozyten-Testsystem hängt zudem stark von Schwankungen beim Fixieren, Entwässern und Einbetten der Präparate ab. Die Anschnitte der einzelnen Zellen beeinflussen die Längen- und Flächenmessungen der Zellorganellen. Obwohl bei diesem Testsystem viele quantitative stetige Meßdaten abgefragt werden, wäre letztlich deren Wert und Härte in bezug auf die Fragestellung weniger aussagekräftig gewesen. Auch Messungen an extrazellulären Strukturteilen, wie Länge, Breite und Periodik der kollagenen Fasern, sind mit der TEM möglich. Für eine derartige morphometrische Analyse wäre ebenfalls kein strenger Zielbezug zwischen Strukturmerkmal und Fragestellung vorhanden gewesen.

Das Zielkriterium Knorpelzellnekrose konnte dagegen durch einen einfachen und sicheren Zählvorgang erfaßt werden. Die Zahl der Knorpelzellnekrosen ließ sich zu diskreten, quantitativen Meßdaten zusammenfassen, mit denen statistische Berechnungen durchgeführt werden konnten [57].

Nach morphometrischen Richtlinien mußte für das Auszählen der Zellnekrosen eine definierte Feldgröße vorhanden sein, die standardmäßig bei allen Einzelmessungen abgesucht wurde. Dies war durch die Verwendung der Netzgitterpräparateträger gewährleistet [113].

Eine bestimmte Bezugslinie für den Zählvorgang war an den Präparaten ebenfalls gegeben. Im Fall des Shavings war dies das Shavingniveau (Abb. 4a, b). Beim Nichtshaving war in gleicher Schichthöhe des Knorpels die imaginäre Shavinglinie die Begrenzung des Meßfeldes (Abb. 4 c, d). Diese Linie wurde durch Zielpräparation ermittelt (Abb. 5 a, b) [107]. Als weitere Voraussetzung für morphometrisches Arbeiten waren der Zählvorgang und die Zahl der Reihenfolge der einzelnen Rasterfelder genau festgelegt [57, 58].

Bei den Ultradünnschnitten, bei denen die morphometrische Analyse vorgenommen wurde, handelte es sich um begrenzte Objekte, die nach der Untersuchungstechnik vollständig von dem Testraster bedeckt sein mußten. Auch dies wurde durch das Aufbringen der Ultradünnschnitte auf die Präparateträger automatisch gewährleistet.

Eine klassische Methode der Morphometrie zur Erfassung von Strukturanteilen in einem Beobachtungsfeld ist die Treffer-Punkt-Methode. Kreuzende Linien markieren einen Punkt. Trifft dieser Punkt zufällig das gesuchte Zielkriterium, wird es gezählt. Diese Methode war beim Zielkriterium Knorpelzellnekrose unter elektronenoptischer Betrachtung nicht durchführbar. Praktikabel war dagegen das Zählen der Zellnekrosen in jeweils 36 Testfeldern.

Die Knorpelproben wurden jeweils senkrecht zur Gelenkoberfläche ausgestanzt. Durch die weitere Zielpräparation war gewährleistet, daß die Ultradünnschnitte ebenfalls senkrecht zur Gelenkoberfläche ausgerichtet waren [107, 124]. Dies war entscheidend für die Fragestellung nach der Auswirkung der Haupteinflußgröße Shaving. Veränderungen waren in der Schicht zu erwarten, die unmittelbar an die neue Oberfläche angrenzte. Im Fall des Nichtshavings waren die Veränderungen in der korrespondierenden Schichthöhe von Interesse, die dem spontanen Schadensverlauf unterlag (Abb. 3, 6).

Auch aus morphometrischen und statistischen Gründen war die Beachtung dieser Schnittausrichtung wichtig. Das Strukturmerkmal Knorpelzelle und damit auch das Zielkriterium Knorpelzellnekrose ist im Gelenkknorpel nicht vollständig beliebig angeordnet. Eine gewisse anisotope Verteilung der Chondrozyten ist durch die säulenartige Anordnung der Knorpelzellen in der radiären Zone gegeben. Bei nicht standardmäßig senkrecht zur Oberfläche ausgerichteten Meßschnitten hätte eine systematische Verzerrung beim Auszählen des Zielkriteriums eintreten können. Dies wurde jedoch durch das exakt zur Oberfläche ausgerichtete Anschneiden der Präparateblöcke vermieden (Abb. 6).

In der Studie wurde das Zielkriterium Zellnekrose in 36 Feldern eines Meßschnittes im Ausgangspräparat und im Kontrollpräparat bestimmt. Der Meßschnitt wurde dabei beliebig aus einer Schnittreihenfolge ausgewählt. Die oben genannten Voraussetzungen zur Beibehaltung der Verfahrensgleichheit wurden dabei eingehalten. Ein anderes gültiges Verfahren wäre gewesen, beispielsweise 100 Ultradünnschnitte von einem Präparateblock anzufertigen. Durch eine Zufallsauswahl hätten je Block 10 Ultradünnschnitte gezogen werden können, und in diesen wären die Knorpelzellnekrosen auszuzählen gewesen. Der Arbeitsaufwand wäre enorm gestiegen, ohne eine wesentlich sicherere Testaussage zu erhalten.

Die Serienschnittechnik wurde in der Studie im Rahmen der Qualitätskontrolle zur Aussagefähigkeit eines einzelnen Meßschnittes verwendet. Es zeigte sich, daß die Information eines Schnittes durch 10 vor- und 10 nachgeschaltete Serienschnitte nicht wesentlich genauer wurde. Die Rechtfertigung für die Auswahl eines einzigen Meßschnittes ergab sich auch daraus, daß zur Interpretation die statistische Analyse und die gleichzeitig durchgeführte morphologische Deskription anderer Strukturbestandteile herangezogen werden konnte [82, 102].

Gesicherter wissenschaftlicher Erkenntnisstand war, daß Blutkontakt am Gelenkknorpel zu ultrastrukturellen Schäden führt [32, 128]. Auch lange Inzisionen der Gelenkschleimhaut im Rahmen der operativen Zugänge wirken sich über biochemische Prozesse nachteilig auf den Gelenkknorpel aus. Gerade diese Überlegung hatte die Arthroskopie mit den nur kurzen Gelenkschleimhautinzisionen so vorteilhaft werden lassen. Nach diesen bekannten Störgrößen wurden die einzelnen Fälle in der Studie aber nicht unterteilt. War es da nicht zu erwarten, daß beim Abfragen nach dem Zielkriterium Knorpelzellnekrose die Auswirkungen der an Intensität unterschiedlichen Blutexposition des Knorpels oder die Auswirkungen der Arthrotomie oder Arthroskopie gemessen wurden? Waren die Ergebnisse systematisch durch diese Störgrößen verzerrt? Oder waren die Ergebnisse, je nach Exposition einer Störgröße, von Fall zu Fall in unterschiedliche Richtungen ausgelenkt? Die erste der beiden Fragen zielte darauf ab, ob das Zielkriterium Knorpelzellnekrose tatsächlich ein zuverlässiger Meßparameter für die Auswirkung des Shavings war. Die zweite Frage richtete das Augenmerk darauf, ob in der Studie eine Ausgangsstrukturgleichheit in den Therapiegruppen erreicht wurde.

Zu eleminieren oder zu messen waren die Störgrößen Hämarthros und das Ausmaß der Gelenkschleimhautläsion unter klinischen Bedingungen nicht. Letztlich hatte jeder Gelenkknorpel direkt am Ort der Knorpelschadens durch die Stanzzylinderentnahme Kontakt mit Blut, das aus dem subchondralen Markraum austrat. Andererseits waren die Läsionen der Gelenkschleimhaut nicht nur durch die operativen Inzisionen bedingt, sondern lagen auch nicht meßbar bei Kniegelenkkontusionen vor.

Unter den klinischen Voraussetzungen der Studie konnten die Störfaktoren in den Therapiegruppen nur durch das Mittel der Randomisierung gleichgehalten werden. Daß dadurch auch eine Strukturgleichheit bis auf die Ebene des abgefragten Zielkriteriums Knorpelzellnekrose erreicht wurde, zeigte sich an der gleichen Verteilung der Zahl der Zellnekrosen in den Ausgangsmeßschnitten der Therapiegruppen (Tabelle 9, 10, 16, 17,)

Ob zudem das Erfassen der Zellnekrosen tatsächlich ein zuverlässiges Maß für die Auswirkung des Shavings oder des Nichtshavings war, konnte gleichfalls an den Ergebnissen abgelesen werden. Das morphologische Strukturmerkmal Knorpelzellnekrose als Zeichen einer schweren Strukturschädigung trat nicht nur isoliert häufiger bei der Gruppe mit der Haupteinflußgröße Shaving auf, sondern dieses Merkmal war kombiniert mit morphologischen Strukturzeichen, die gleichfalls eine zunehmende Schädigung des Knorpels belegten. Diese Zeichen lagen in den Gruppen vermehrt vor, in denen auch die Zellnekrosenzahlen hoch waren. Dadurch war eine Befundkonstellation vorhanden, die eine hohe Übereinstimmung zwischen dem, was die Prüfmethode zu messen vorgab, und dem, was tatsächlich vorlag, signalisierte. Die Validität der Prüfmethode bestätigte sich dadurch.

Randomisierung, Ein- und Ausschlußkriterien waren Mittel, um eine Strukturgleichheit und damit die Voraussetzung für eine Vergleichbarkeit zu schaffen. Einflußgrößen, die nicht zu eliminieren waren und eine potentielle Wirkung auf das Zielkriterium und die ultrastrukturelle Beschaffenheit des Knorpels entfalten konnten, waren mit den Mitteln der Stratifizierung oder Blockbildung in ihrer Auswirkung zu überprüfen. Bezweckt wurde dabei, daß die einzelnen Fälle in den Blöcken oder Untergruppen untereinander mehr Gemeinsamkeiten hatten als Mitglieder anderer Blöcke. In der Studie wurde nach Altersgruppen, nach Zeitintervall zwischen 1. und 2. Gewebeprobe und nach dem Stabilitätsgrad des Kniegelenks stratifiziert. Aufgrund der erreichten Fallzahl in den Blöcken war dort keine statistische Berechnung in den Ergebnissen sinnvoll. Die Tendenzen sollten an den Rohdaten aufgezeichnet werden. Erwartungsgemäß zeigten die Blöcke mit verminderter Gelenkstabilität nach dem Ersteingriff und die ältere Patientengruppe eine tendenziell vermehrte Rate von Knorpelzellnekrosen (Tabelle 22, 23, 25, 26) [112, 130].

Andererseits zeigte es sich, daß diese Einflußgrößen die Zellnekrosen nicht so auslenkten, daß Ausreißer unter den Meßwerten auftraten. Dies bedeutete, daß die vorhandenen Einflußgrößen die manipulativ gestalteten Haupteinflußgrößen Shaving und Nichtshaving in ihrer Auswirkung auf das Zielkriterium Zellnekrose nicht übertrafen. Die Ergebnisse bestätigen dadurch gleichfalls die Validität der Testmethode.

Ein Argument, das im Hinblick auf die Wahl des Zielkriteriums Knorpelzelle zu prüfen war, beinhaltete die Frage: Ist die natürliche Absterberate der Knorpelzellen so groß, daß die Auswirkung der Schädigung oder der manipulativ gestalteten Haupteinflußgrößen an dem Kriterium Knorpelzellnekrose nicht angezeigt wird? Durch morphometrische Untersuchungen war aber nachgewiesen worden, daß zum Zeitpunkt des 18. Lebensjahres hinsichtlich der Knorpelzelldichte eine stabile Plateauphase erreicht ist [91, 130]. Diese Untersuchungen bestätigen auch, daß in dem Lebensalter, in dem das Patientengut ausgewählt war, nur eine minimale Dichteabnahme durch spontane Knorpelzellnekrose auftritt. Eine enge Korrelation zwischen traumatischer Knorpelschädigung und Knorpelzellnekrose war aber stets nachgewiesen worden [91, 127].

Ein weiteres Argument, das geeignet war, die Sensitivität und Validität der Prüfmethode in Frage zu stellen, lautete: Es kann durchaus sein, daß die Knorpelzellnekrosen nach Shaving eine Zunahme verzeichnen, aber kann es nicht auch sein, daß tiefe Risse bei nichtgeshavten Knorpelflächen an intakten Knorpelzellen vorbei in die Tiefe ziehen und dadurch dieser Knorpel letztlich stärker geschädigt wird als der geshavte, ohne daß dies mit einer Zählung der Knorpelzellnekrosen erfaßt werden kann? Dies könnte die Voraussetzung für einen viel ungünstigeren Schadensverlauf sein, als eine glatt geshavte Fläche. Durch die Testmethode mit der statistischen Analyse der Knorpelzellen allein hätte sich dieses Argument nicht ohne weiteres widerlegen lassen.

Die beim Zweiteingriff vor der Kontrollgewebeentnahme durchgeführte Palpation der geshavten Fläche mit dem Tasthaken zeigte aber, daß die ehemals geglätteten Flächen erneut Einrisse und Rauhigkeiten aufwiesen. Andererseits hatte sich im beobachteten Zeitraum kein nichtgeshavtes Areal derart verschlechtert, daß es in eine schlechtere Schadensklasse eingestuft werden mußte.

Durch diese mechanische Nachprüfung unter makroskopischer Beobachtung und die ultrastrukturellen Untersuchungen ergab sich eine enge Korrelation zwischen Einrissen der Knorpelfläche und dem Auftreten von Knorpelzellnekrosen.

Bei der Definition der Zellnekrose war zu beachten, daß dadurch nicht eine Verzerrung der statistischen Analyse bedingt wurde, denn als ein morphologisches Kriterium für die Zuordnung zu einer Zellnekrose zählte die aufgelöste Kernmembran [10]. Wurden damit möglicherweise alle Knorpelzellen, die sich in einer mitotischen Teilungsphase befanden und dabei keine Kernmenbran erkennen ließen, als Nekrosen gezählt? Genau die Lebensphase einer Zelle, die die Voraussetzung für eine Gewebeerneuerung bedeutete, wäre gegenteilig bewertet worden.

Die überwiegende Zahl der Forschungsergebnisse sicherte jedoch folgenden Erkenntnisstand: Die Knorpelzellen des erwachsenen Menschen befinden sich in einer postmitotischen Phase [59, 69, 76]. Die Knorpelzellen teilen sich in dieser Phase nicht mehr, sondern erfüllen Versorgungsaufgaben für ihre Umgebung [89, 117 149]. Beim Menschen ist diese Regenerationsunfähigkeit der Knorpelzelle sicher ab dem 18. Lebensjahr erreicht [118, 119]. Gerade die nicht mehr vorhandene und in situ nicht mehr stimulierbare Fähigkeit der Zellteilung bedeutet für den geschädigten Knorpel das Unvermögen der organtypischen Regeneration.

Dennoch wird in vivo unter bestimmten Umständen eine Knorpelzellproliferation für möglich gehalten. Beim schwergeschädigten Knorpel treten nach Monaten bis Jahren vermehrt sog. Brutkapseln im Knorpel auf. Morphologisch gesehen handelt es sich dabei um eine dichtgedrängte Ansammlung von 4–5 oder auch bis zu 20 Knorpelzellen. Für die Entstehung dieser Zellhaufen wird eine Proliferation der Knorpelzellen angenommen. Im Zentrum dieser Zellansammlungen wurden überwiegend degenerativ veränderte Zellen gesehen. Die randständigen Knorpelzellen zeigten dagegen eher intakte Zellorganellen. Aufgrund dieser Bilder wurde der Schluß gezogen, daß sich die randständigen Zellen teilen können [47].

Eine Entstehung der Zellhaufen ohne Zellteilung wurde aufgrund morphologischer Untersuchungen gleichfalls angenommen [118]. Histochemische Untersuchungen lieferten Indizien für eine Fusion von Zellterritorien. Eine klärende Antwort zur Entstehung von Brutkapseln oder Clustern mit sehr großen Zellzahlen war von dieser Studie nicht zu erwarten. Waren jedoch mehrere Zellen auffällig dicht zusammengedrängt, so zeigten meist einige Zellen fortgeschritten degenerativ veränderte Zellorganellen. Diesen Zellen dicht benachbart waren Knorpelzellen zu erkennen, die den Eindruck einer Zellmigration erweckten und hochaktive Zellorganellen zeigten (Abb. 45–47). Diese morphologischen Bilder waren sicherlich nicht im Sinne einer möglichen Knorpelzellproliferation zu interpretieren. Zudem war eine verzerrende Zuordnung einer mitotischen Zellteilung zu einer Knorpelzellnekrose auch wegen des raschen Ablaufs dieser Phase nicht zu erwarten.

Unter In-vitro-Bedingungen zeigte sich, daß adulte humane Knorpelzellen sowohl in Zell- als auch in Gewebekultur zu einer Zellteilung stimuliert werden können [41, 142]. Die Knorpelzellen synthetisieren dabei die beiden wesentlichen Bauelemente der Knorpelsubstanz, nämlich Proteoglykane und kollagene Fasern. Der Aufbau der Ultrastruktur eines regelrechten hyalinen Knorpels konnte jedoch bisher nicht nachgewiesen werden.

Die Antwort auf die Frage, ob unter In-vivo-Bedingungen jemals Voraussetzungen vorliegen oder manipuliert werden können, die einen relevanten Teilungsstoffwechsel der Knorpelzellen induzieren, muß offenbleiben. Das Phänomen Clusterbildung muß derzeit bezüglich einer reparativen Auswirkung auf das Knorpelgewebe weiterhin als frustrane Leistung angesehen werden [47, 118, 141]. Den Maßstab für das Attribut frustrane Leistung liefert dabei die bisher nicht geleistete Restitutio ad integrum. Gerade die Zellen, die in clusterähnlichen Anhäufungen konfiguriert warten, zeigten in der Studie Hinweise für eine Syntheseleistung von Kollagenfibrillen und Proteoglykanen (Abb. 49). Vollkommen frustran wirkt sich diese Zelleistung für das Knorpelgewebe als Ganzes sicher nicht aus. Die Befunde sprechen dafür, daß die erbrachte Leistung einen temporären Schutz gegen das Fortschreiten des Schadens liefert.

Daß nach einer tiefen, aber auf die Knorpelsubstanz beschränkten Läsion der Substanzdefekt organotypisch ausheilt, wurde von einigen Untersuchern angenommen [127, 129]. Diese Untersucher gingen von der gesicherten Erkenntnis aus, daß die Knorpelzellen der oberflächlichen Tangentialschicht die vitalsten Zellen des hyalinen Knorpelgewebes sind und sich zu fibrozytenähnlichen Zellen rückverwandeln können. Die morphologischen Bilder der Ausheilungsergebnisse interpretierten diese Untersucher mit einer organotypischen Defektauffüllung durch Zellproliferation und Syntheseleistungen dieser stimulierten Zellen des oberflächlichen Defektrandes. In der radiären Knorpelzone wurden defektrandnah Zellnekrosen und degenerativ veränderte Zellen beschrieben.

Im wesentlichen müssen diese muldenförmigen Ausheilungszustände nach Schliffverletzungen der Knorpelsubstanz auf einen Cartilage flow zurückgeführt werden. Dabei werden unter funktioneller Gelenkbelastung die Defektränder einander genähert. Für eine sehr kurze Wegstrecke vermag der hyaline Knorpel aufgrund seiner Viskoelastizität dies zu leisten [5]. Der früher dafür häufig benutzte Ausdruck Matrix flow trifft dabei nicht genau zu, da nicht nur die extrazelluläre Grundsubstanz bewegt wird, sondern der gesamte Gewebeverband sich unter Druck adaptiert.

In der Studie wurde weder bei den geshavten noch bei den nichtgeshavten Arealen jemals ein Hinweis für eine Defektauffüllung durch ein Überwachsen der randständigen Knorpelzellen beobachtet. Auch das Phänomen des Cartilage flow leistete bezüglich der Größe der Läsion niemals eine organotypische Defektüberbrückung.

Mit radioaktiver Markierung der Knorpelzellen wurde im Tierversuch jedoch öfter die Teilungsfähigkeit der Knorpelzellen nachgewiesen. Die Nachweise mit einem relevant großen Teilungspotential wurden jedoch nur bei juvenilen Tieren erbracht [77]. Bei juvenilen Tieren mit offenen Wachstumsfugen wurde mit radioaktiver Markierung auch eine andere Substratversorgung des hyalinen Gelenkknorpels nachgewiesen als beim ausgewachsenen Tier. Die Ernährung des Knorpels ist beim ausgewachsenen Tier nur noch über Diffusion von der Gelenkoberfläche aus möglich. Bei juvenilen Tieren konnte eine Substratversorgung auch über die subchondrale Schicht hinweg nachgewiesen werden [89].

Dieser tierexperimentelle Erkenntnisstand kann durch einen Analogieschluß auch auf den Menschen übertragen werden. Gerade die Tatsache, ob die experimentellen Erkenntnisse bei juvenilen oder adulten Tieren gewonnen wurden, muß aber für die Aussagen zur Proliferationsfähigkeit des Knorpels sehr genau beobachtet werden.

Obwohl die Fragestellung der Studie nicht unbedingt die Untersuchung von unverletztem, gesundem Gelenkknorpel verlangte, war es doch aus mehreren Überlegungen heraus sinnvoll. Der intakte Gelenkknorpel war gleichfalls nach dem Zielkriterium Knorpelzellnekrose analysiert worden [27, 39, 87, 90, 143]. Die Therapiegruppen, die dem Shaving oder Nichtshaving zugeteilt wurden, brachten dagegen beide Male geschädigten Knorpel in die Untersuchung ein. Erst der Vergleich von intaktem mit geschädigtem Knorpel ließ erkennen, ob tatsächlich ultrastrukturelle Veränderungen gruppenspezifisch vorlagen [36]. Wären dagegen beim intakten Knorpel gleichermaßen hohe Zellnekrosenraten oder morphologisch auffällige Veränderungen zu erfassen gewesen, hätte dies an Fixierungs- und Einbettungsartefakten liegen können [63, 152, 153, 156].

Der Durchschnittswert der Zellnekrosenzahl im Meßschnitt betrug bei Proben von 18 Organspendern 0,61 in der oberen radiären Zone. Meßschnitte aus der vergleichbaren Knorpelschicht bei zweitgradig geschädigtem Knorpel wiesen dagegen einen Durchschnittswert der Zellnekrosenzahl von 4,08 auf (Tabelle 9, 10). Der Durchschnittswert der Zellnekrosenzahl im Meßschnitt aus der tieferen radiären Zone betrug beim intakten Knorpel 1,1. Die Vergleichszahl beim drittgradig vorgeschädigten Knorpel lag bei 4,1 (Tabelle 16, 17). Daß sich der geschädigte Gelenkknorpel derart abgestuft vom intakten Knorpel unterschied, entsprach den Erwartungen. Andererseits war dieses wichtige Indiz nur durch das Mitführen des intakten Knorpels als Vergleichsgruppe zu erhalten. Der weitere Grund für die Untersuchung des intakten Knorpels war: In welche Richtung bewegten sich die Verhältnisse nach Exposition der Haupteinflußgrößen Shaving und Nichtshaving? Wurden Verhältnisse wie beim intakten Gelenkknorpel erreicht?

Nach spontanem Heilverlauf pegelten sich die Durchschnittswerte der Zellnekrosenzahl im Meßschnitt beim Knorpelschaden II. Grades auf einen Wert von 1,2 ein (Tabelle 12). Der Vergleichswert des intakten Knorpels von 0,61 stellte sich nicht mehr ein. Nach Shaving und Zeitintervall bewegte sich die Zellnekrosenzahl im Meßschnitt mit einem Durchschnittswert von 7,0 (Tabelle 17) deutlich weg von den Verhältnissen beim intakten Gelenkknorpel.

Auch beim stärker geschädigten Knorpel wurde nach Nichtshaving mit einem Durchschnittswert von 2,2 (Tabelle 18) die Vergleichszahl des intakten Knorpels mit 1,1 nicht mehr erreicht. Nach Shaving hatte sich die Durchschnittszahl der Zellnekrosen im Meßschnitt mit einem Wert von 8,9 (Tabelle 19) deutlich von der Zahl des intakten Knorpels entfernt.

Auch mit den ultrastrukturellen, deskriptiv erfaßten Befunden ließen sich keine Hinweise für eine Angleichung an intakte Knorpelverhältnisse nach Shaving oder Nichtshaving erhalten.

Ein wesentlicher Vergleich in der Studie ergab sich in jeder Therapiegruppe und stratifizierten Untergruppe aus der Gegenüberstellung des morphometrischen Ausgangsbefundes zum zeitlich distanzierten Kontrollbefund. Durch diesen Vergleich konnte am Unterschied im Ergebnis die Auswirkung der Therapiemethode abgelesen werden. Durch den Vergleich der morphometrischen Analysen zwischen den beiden alternativen Gruppen war die Frage zu beantworten, welches Therapieverhalten den Schadensverlauf günstiger beeinflussen konnte.

Sowohl beim zweit- als auch beim drittgradigen Knorpelschaden ergab sich eine Zunahme der Knorpelzellnekrosenzahl nach dem Shaving. Die Zielgröße der Studie, mit der die Irrtumswahrscheinlichkeit für die Nullhypothese berechnet werden konnte, war der Differenzbetrag der Knorpelzellnekrosenzahl im Ausgangsmeßschnitt zum Kontrollmeßschnitt.

Die Nullhypothese war sinngemäß wie folgt formuliert worden: Es besteht kein Unterschied zwischen Shaving und Nichtshaving hinsichtlich der Änderung der Knorpelzellnekrosenzahl. Änderungen, die dennoch auftreten, sind rein zufällig. Die Nullhypothese sah also keine einseitige Zu- oder Abnahme der Zellnekrosenzahl bei einem der alternativen Therapieverfahren vor. Nach der statistischen Berechnung war diese These jedoch nicht mehr zu halten. Mit einer Irrtumswahrscheinlichkeit von $\alpha = 0{,}00033$ für die alternative These mußte die Nullhypothese beim drittgradigen Knorpelschaden als widerlegt gelten. Dies bedeutete, daß unter 100 000 Fällen mit Knorpelschaden III. Grades nur 33mal nach Shaving keine Zunahme der Knorpelzellnekrosenzahl zu erwarten war.

Beim Knorpelschaden II. Grades ergab sich eine Irrtumswahrscheinlichkeit von $\alpha = 0.01578$ für eine gleichlautende alternative These. Unter 1 000 Knorpelflächen mit der Schadensklasse II wären voraussichtlich weniger als 16 Patienten, die nach Shaving keine Zunahme der Knorpelzellnekrosenzahl zeigen.

Die Signifikanzstufe, bei der die Nullhypothese abgelehnt und die alternative Hypothese akzeptiert werden sollte, war zu Beginn der Studie auf $a = 0{,}05$ festgelegt worden. Die Fallzahl, der gesamte Studienverlauf und die Definition der Beobachtungseinheit zielten darauf ab, einen möglichen Unterschied in den Auswirkungen bei den beiden alternativen Therapieverfahren zu erkennen. Dazu genügte diese Signifikanzschwelle. Es konnte nicht die Absicht der Studie sein, das jeweils andere Verfahren durch das Ergebnis ablehnen zu wollen. Hierzu wären Fallzahlen in einer Größenordnung von 1 000 erforderlich gewesen, um bei einer Signifikanzstufe von $a = 0{,}001$ die andere Methode für falsch erklären zu können [132].

Bedeutet die Ablehnung der Nullhypothese nun den positiven Beweis der alternativen These? Nach erkenntnistheoretischen Überlegungen kann keine These positiv bewiesen werden. Vielmehr kann die These (es herrscht nicht der reine Zufall, sondern die Änderung der Knorpelzellnekrosenzahl hängt in dieser Studie von den Therapieverfahren ab) mit weniger Falschheit in der Aussage abgegeben werden.

Die statistische Analyse zeigte, daß Shaving überwiegend die Zunahme der Knorpelzellnekrosen in der unmittelbar unter dem geglätteten Niveau liegenden Knorpelschicht bedingte.

Die morphologisch deskriptiv erfaßten Befunde hatten sich in gleicher Richtung wie die morphometrischen Daten bei den geshavten Flächen verändert. In keinem einzigen Fall wurde nach Shaving die Ausbildung einer stabilen, tangential verlaufenden kollagenen Faserschicht induziert, wie sie beim intakten Gelenkknorpel vorliegt [52]. Die unmittelbar nach Shaving geschaffene Schnittglätte ließ sich über den Beobachtungszeitraum hinweg nicht aufrecht erhalten. In allen Fällen gab es Hinweise, daß die Faserarchitektur weitergehend in der Tiefe aufgerissen war. Gleichsinnig hatten sich in den neuen Oberflächen bildenden Schichten die Knorpelzellbilder verändert. Hier lagen in den Kontrollgewebeproben überwiegend degenerativ veränderte Zellen vor. Dies war eindeutig an den Zustandsbildern der Zellorganellen zu erkennen.

Bei den nichtgeshavten ließ sich ultrastrukturell auch keine Ausbildung einer tangentialen Faserschicht nachweisen [64, 66]. Die Faserarchitektur war in den Kontrollgewebeproben im Vergleich zu den Ausgangsbefunden weitgehend konstant geblieben [93].

Die Zellen zeigten dagegen in der vergleichbaren Schichthöhe hochaktive und reaktiv veränderte Zellbilder. Der Zustand der Zellorganellen ließ eindeutig den Schluß zu, daß diese Zellen aktiv ihre Umgebung versorgten und an der Eindämmung des bestehenden Schadens reaktiv beteiligt waren [70, 93].

Beim zuvor drittgradig geschädigten Knorpel hatten nach Shaving die degenerativen Veränderungen meist den noch verbleibenden Gelenkknorpel bis zur subchondralen Knochenschicht erreicht. War der Knorpel primär zweitgradig geschädigt, zeigten nach dem Shaving Knorpelzellen in der tieferen Schicht qualitativ gleiche reaktive Veränderungen wie in der Gruppe des Nichtshavings. Beim drittgradig vorgeschädigten Knorpel war aber meist nicht mehr genügend Schichthöhe verblieben, in der sich die Knorpelzellen den gestörten Lebensbedingungen reaktiv anpassen konnten [37]. Den zellulären Veränderungen zufolge wurde durch das Shaving letztlich die Schadenssituation in eine tiefere Schicht vorangetrieben [115]. Das morphologisch faßbare Gesamtbild des Schadenszustands ließ sich überschaubar anhand der Schadensauswirkung an den Strukturelementen des Knorpels darstellen. Auch die Deskription der Abwehrmechanismen des Knorpels war sinnvollerweise nach dem Verhalten dieser Strukturelemente zu gliedern.

Die traumatische Schädigung vom Ausmaß des Knorpelschadens II und III gehört formal zu den mechanischen Knorpelschädigungen [106]. An der Oberfläche zerreißt die tangentiale kollagene Faserschicht. Je nach Intensität der schädigenden Kraft wird die kollagene Faserarchitektur als erstes wesentliches Strukturelement des Knorpels bis in die untere radiäre Zone eingerissen. Mit dem Aufbruch der kollagenen Ultrastruktur kann Proteoglykan das Knorpelgewebe verlassen. Dieses zweite Strukturelement ist zwischen die dreidimensional aufgebaute kollagene Struktur des Knorpels eingelagert. Als drittes entscheidendes Element des Knorpels wird bei einer derartigen Schädigung die Knorpelzelle betroffen. Die Schädigung kann zur Sofortnekrose führen. Die geänderten Bedingungen können aber auch für lange Zeit eine degenerative Veränderung der Zelle einleiten, die schließlich zum Zelltod führt.

Die Funktion der Zelle wurde bereits ausführlich erläutert. Wesentlich ist, daß die Knorpelzelle sowohl die kollagenen Faserbausteine liefert, als auch die Proteoglykansynthese leistet. Die Knorpelzellen sind dabei im Knorpel so verteilt, daß von einer gewissen territorialen Ver- und Entsorgung des umgebenden Gewebes ausgegangen werden muß.

Die Funktion der kollagenen Fasern besteht im wesentlichen darin, jede einwirkende Kraft durch Umsetzung in Zugkraft auf das kollagene Fasernetzsystem zu verteilen und dadurch Belastungsspitzen zu neutralisieren [137]. Die Modulation der Kraftübernahme erfolgt dabei durch das Proteoglykan, das in das dreidimensionale kollagene Netz eingelagert ist [24, 25, 50, 105].

Bei einer Schädigung dieses Wirkverbundes besitzen überlebende Zellen als aktive Elemente ein gewisses Maß, den Schaden begrenzt zu halten. Sie können dabei zu Leistungen aktiviert werden, die über ihr gewohntes Maß beim intakten Knorpel hinausgehen.

Dieses Potential, einen Schaden begrenzt zu halten oder diesen zu reparieren, wird von vielen Autoren als „intrinsic repair" bezeichnet [11, 16–18, 62, 119, 148]. Aufgrund biochemischer Untersuchungen konnte nachgewiesen werden, daß der wesentliche Wirkungsmechanismus des Intrinsic repair eine gesteigerte Proteoglykanproduktion darstellt [92]. Andererseits konnte gezeigt werden, daß das gesteigert produzierte Proteoglykan weniger Affinität zum Bindungsprotein Hyaluronsäure besitzt [139, 144, 145]. Unter experimentellen Bedingungen war auch festzustellen, daß die vermehrt produzierten und teilweise nicht eingebauten Proteoglykanbausteine auf molekularer Ebene sich deutlich von denen unterschieden, die bei entzündlichen Gelenkerkrankungen freigesetzt werden [154]. Unmittelbar nach einer mechanischen Schädigung wird am meisten Proteoglykan freigesetzt. In den späteren Zeitphasen werden auch Bindungsproteine und Proteoglykanfragmente freigesetzt [106, 133, 144].

Das Belassen einer zwar geschädigten, aber derart reaktiv tätigen Schicht bedeutet für die kollagene Faserarchitektur, einen Schutz- und Sicherungsmechanismus zu erhalten. Diese reaktive Zone kann sich für die tieferen Knorpelschichten wie eine abdichtende Decke auswirken. In bis zu 76% der Fälle wurde bei manchen Autoren dieser Intrinsic-repair-Mechanismus mit morphologischen und biochemischen Untersuchungsmethoden gesehen [62, 119, 148].

In Tierexperimenten konnte ebenfalls nachgewiesen werden, daß diese Reparaturleistung auch beim nicht vorgeschädigten Knorpel nach Setzen von Substanzdefekten nicht soweit ging, daß der Knorpel ohne erkennbaren Defekt ausheilte [86, 111]. Eine fortschreitende, die Umgebung befallende Schädigung konnte bei fokalen, traumatischen Schädigungen nicht beobachtet werden [30]. Shaving wirkt sich beim traumatisch vorgeschädigten Gelenkknorpel dahingehend aus, daß dieses Intrinsic-repair-Potential entfernt wird [9]. Es ist fraglich, ob der Knorpel in einer tieferen Schicht dazu in der Lage ist, ein derartiges Barrieresystem erneut aufzubauen. Beim Vergleich der Shavinggruppe mit der Nichtshavinggruppe zeigte sich, daß bei den nichtgeshavten Fällen das Knorpelgewebe in Höhe des Meßschnittes durch das Intrinsic-repair-Potential weitgehend intakt gehalten wurde.

Bei der Shavinggruppe war in der vergleichbaren Schichthöhe jeweils ein schwerer, fortgeschrittener Knorpelschaden zu verzeichnen. Shaving bewirkte nach diesen Befunden eine Beschleunigung der Knorpelschädigung. Dieser wesentliche Aspekt in der Studie war durch den Vergleich zwischen den unterschiedlich therapierten Gruppen morphologisch eindeutig nachzuweisen.

Mit der traumatischen Schädigung des kollagenen Fasersystems ist vordergründig die biomechanische Eigenschaft des Knorpels gestört. Die Integrität dieses Wirkungssystems vermag der Knorpel nicht mehr aufzubauen. Die Knorpelzellen halten dennoch einen gewissen Kompensationsmechanismus bereit. In der geschädigten Zone synthetisieren die Knorpelzellen Kollagenbausteine, die sich temporär oder auch auf Dauer in molekularer Hinsicht vom Kollagen des originären hyalinen Knorpels unterscheiden. Im hyalinen Knorpel wird fast ausschließlich der Kollagentyp II synthetisiert [61, 65]. Knorpelzellen in einem geschädigten Knorpel produzieren dagegen überwiegend den Kollagentyp I und III. In der Mikroumgebung von reaktiv tätigen Knorpelzellen konnte gesteigert der Kollagentyp V nachgewiesen werden [60, 62]. Wesentlich ist aber, daß der Aufbau der originären Gewebearchitektur nicht mehr gelingt.

In jeder Schichthöhe besitzt der Knorpel im intakten Zustand eine unterschiedliche Steifigkeit [1]. Dabei korreliert die Steifigkeit mit dem Verhältnis Kollagen zu Proteoglykangehalt [2]. Die Schichten, die der subchondralen Knochenschicht näherliegen, zeigen eine zunehmende Steifigkeit [85]. Auch konnte nachgewiesen werden, daß sich das Permeabilitätsverhalten des Knorpels durch zunehmendes Abtragen von Knorpelsubstanz – analog dem Shaving – für den verbliebenen Knorpel grundsätzlich ändert [146]. Nach einer traumatischen Schädigung greift Shaving erneut in dieses komplexe biomechanisch funktionierende System ein. Es werden Schichten freigelegt, die prinzipiell keine geeignete Kollagenarchitektur besitzen, um oberflächenbildend zu fungieren [20, 28, 75, 93]. Eine dünnere Knorpelschicht muß auf engerem Raum mehr Drucklast neutralisieren [48, 131]. Je tiefer geshavt werden muß, desto schlechter wird damit die mechanische Eigenschaft des Knorpels [42, 49, 94, 95].

Vielfach war nachgewiesen worden, daß geschädigter Knorpel einen höheren Gehalt an katabolen Enzymen aufweist als intakter Gelenkknorpel [140, 151]. Diese Enzyme sind in der Lage, die Strukturbestandteile des Knorpels aufzulösen. Andererseits besitzen die Knorpelzellen selbst Inhibitoren, die vor einer Selbstandauung des Knorpels durch diese Enzyme schützen [148]. Je nach Konzentration der freigesetzten Proteoglykanabbauprodukte können die B-Zellen der Gelenkschleimhaut Catabolin abgeben. Dies veranlaßt die Knorpelzellen, Kollagenase, Gelatinase und ein Proteoglykan-abbauendes Enzym zu produzieren [48, 154]. Die Knorpelzellen können dadurch ihre eigene umgebende Knorpelmatrix resorbieren [150]. Möglicherweise steuert die Knorpelzelle aber diesen Abbau der Mikroumgebung allein durch sich selbst. In Chondrozyten wurde das genetische Material für Interleucin I nachgewiesen. Interleucin I kann die Produktion von Proteasen stimulieren, die in der Lage sind, Kollagen abzubauen [116].

Für eine sehr fein gesteuerte Resorption der direkten Umgebung von Knorpelzellen wurden häufig morphologische Hinweise gefunden. Eindeutig als Chondrozyten erkennbare Zellen zwängten sich dabei durch ihre eigene territoriale Begrenzung in die extraterritoriale Matrix (Abb. 46). Dabei lieferten die Abb. 45 und 46 Hinweise für eine Migration der Knorpelzellen [71]. Die Begrenzung der Zellterritorien bestand aus dichtgelagerten Kollagenfibrillen. Um diese zu durchdringen und in die dreidimensional aufgebaute kollagene Faserarchitektur der Matrix vorzudringen, muß die Knorpelzelle an Ort und Stelle gezielt die kollagenen Fasern abbauen [62, 126]. Die Abb. 45 und 46 vermitteln den Eindruck einer planvollen Veränderung der Mikroumgebung [14, 15, 29, 44, 59, 61].

Derartige morphologische Hinweise für einen Umbau der Mikrozellumgebung wurden überwiegend in der Gruppe der nichtgeshavten Knorpelflächen gefunden, vereinzelt nach Shaving bei einem zweitgradigen Knorpelschaden, nie aber beim drittgradigen Knorpelschaden in tiefen Knorpelzonen. In den Fällen mit langem Zeitintervall zwischen den Gewebeprobeentnahmen wurden Hinweise für eine Migration einer Knorpelzelle in der Nähe von Knorpelzellansammlungen gesehen. Es muß Spekulation bleiben, ob dadurch Cluster entstehen können [89, 118, 142].

Für eine diffuse Aggression der Knorpelmatrix durch knorpeleigene Enzyme waren speziell bei den nichtgeshavten Flächen keine morphologischen Hinweise zu erhalten. Shaving mit dem Ziel, den intakten Knorpel vor der Selbstandauung zu schützen, ist aufgrund dieser morphologischen Befunde beim traumatischen Knorpelschaden nicht sinnvoll [43, 56, 148].

Einen positiven Effekt scheint Shaving des Knorpels aber dennoch zu beinhalten. Dieser Effekt liegt der Intention von Outerbridge sehr nahe, die ihn veranlaßte, Shaving als Therapieverfahren zu beschreiben [83].

Experimentell konnte gezeigt werden, daß durch Scherkräfte der Knorpel häufig parallel zur Oberfläche in der intermediären Schicht oder über der kalzifizierenden Schicht in Höhe der sog. tide mark einreißt [98]. Auch Einrisse der Knorpeloberfläche mit primär anderem Rißverlauf lenkten sich unter experimentellen Bedingungen häufig derart um, daß die Risse parallel zur Oberfläche verliefen [21]. Der Grund für dieses Rißverhalten liegt in der ultrastrukturellen Anordnung der kollagenen Fasern. In der oberflächlichen tangentialen Schicht zeigen diese einen parallel zur Knorpeloberfläche ausgerichteten Faserverlauf. Ein fester Schichtzusammenhalt wird dadurch erreicht. In der intermediären Zone zweigen zunehmend Fasern aus der horizontalen Verlaufsrichtung bogenförmig ab und verankern sich in der radiären Zone [101]. Die intermediäre Zone scheint gegenüber Scherkräften anfällig zu sein und reißt bevorzugt parallel zur Oberfläche ein [83].

Aufgrund des Steifigkeitsgradienten scheint eine horizontale Rißbildung auch in Höhe der tide mark möglich zu sein [98]. Diese lappenförmig abgehobenen Knorpelstücke bieten eine große mechanische Angriffsfläche. Durch Gelenkbewegungen können diese Rißbildungen weiter einreißen. Durch ein Shaving solche Abhebungen zu glätten und den Schaden dadurch zu begrenzen, bleibt die Indikation für ein Knorpelshaving [83, 98, 112, 131].

5 Zusammenfassung

Shaving eines Knorpelschadens bedeutet das tangentiale Abtragen von aufgerauhtem Knorpel. Eine neue glatte Gelenkoberfläche soll dadurch in einer tiefer gelegenen Knorpelschicht möglichst dauerhaft geschaffen werden. Unter klinischen Bedingungen wurde mit der TEM die Frage überprüft, ob Shaving den Verlauf nach einer traumatischen Knorpelschädigung günstig beeinflussen kann.

Bereits die Fragestellung schrieb den Lösungsweg vor, der beschritten werden mußte, um eine Antwort geben zu können. Es mußten 2 Therapiegruppen gebildet werden, die das gemeinsame Merkmal – traumatischer Knorpelschaden – an der medialen Femurkondyle aufwiesen. Bei einer Gruppe mußte ein Shaving des Knorpelschadens ausgeführt werden. In der Vergleichsgruppe wurde keine spezifische Therapie des Knorpelschadens durchgeführt. Für die Prüfmethode Elektronenmikroskopie mußten Ausgangsgewebeproben unmittelbar nach Studienaufnahme bzw. sofort nach dem Shaving gewonnen werden. An Kontrollgewebeproben im zeitlichen Abstand wurde die Auswirkung des Shavings bzw. des Nichtshavings überprüft. Dabei wurden zunächst die Ausgangs- mit den Kontrollbefunden und schließlich die Gruppenergebnisse untereinander verglichen und die Unterschiede festgehalten.

Ein formal strenger Studienplan gewährleistete mit den Mitteln der Klassifikation des Knorpelschadens, durch Ein- und Ausschlußkriterien, durch Randomisierung und durch Qualitätskontrollen von studienspezifischen Untersuchungen die Vergleichbarkeit der Therapiegruppen. Unter klinischen Bedingungen nicht eliminierbare Einflußgrößen wurden durch Stratifizierung in ihrer tendenziellen Auswirkung angezeigt.

Die Studie war grundsätzlich so angelegt, daß von der Ursache ausgehend im Verlauf der Zeitachse die eingetretene Wirkung untersucht wurde. Eine prospektive Schlußweise war dadurch definiert.

Richtlinien der Morphometrie ermöglichten bei der Auswertung einer morphologischen Untersuchungsmethode die statistische Berechnung der Irrtumswahrscheinlichkeit einer Hypothese zur Zielfrage. Das bildgebende Verfahren Elektronenmikroskopie legte die zusätzlich deskriptive Befundung der Ergebnisse nahe.

In der Studie konnte nachgewiesen werden, daß nach Shaving die Zellnekrosenzahl in der Schicht unmittelbar unter der geglätteten Fläche deutlich ansteigt. In vergleichbaren Schichthöhen nach Nichtshaving konnten signifikant weniger Knorpelzellnekrosen gezählt werden. Bereits gesicherter Erkenntnisstand war, daß eine nekrotische Knorpelzelle keine Leistung mehr für die Funktionsfähigkeit des Knorpels als Gewebeverband erbringen kann. Shaving bewirkte nach makroskopischem Aspekt eine nur kurzfristig andauernde glatte Knorpelfläche. Ultrastrukturell war dabei die weitergehende Schädigung bereits vorgezeichnet. Nach Nichtshaving wurde der traumabedingte Knorpelschaden im weiteren Verlauf durch reaktive Zelleistungen begrenzt gehalten. Sowohl die statistische Analyse als auch die deskriptive Befundung zeigten nach Shaving eine Schädigung des Knorpels an, die im Vergleich zum nichtgeshavten Knorpel deutlich fortgeschritten war.

Der Studienplan war so angelegt, daß der Unterschied zwischen Shaving und Nichtshaving in der Auswirkung auf den Verlauf nach traumatischer Knorpelschädigung erkannt werden konnte. Die undifferenzierte Schlußfolgerung, Shaving nach traumatischer Knorpelschädigung sei damit obsolet, durfte daraus sicherlich nicht gezogen werden. Hierzu wären nach statistischen Überlegungen wesentlich höhere Fallzahlen erforderlich gewesen. Die ursprüngliche Intention des Shavings, bei flächenhafter, schichtweiser Knorpelabhebung die weitere mechanische Ablösung des Knorpels durch Shaving zu stoppen, hat sicherlich weiteren therapeutischen Bestand. Die weitergehende Zielvorstellung, bei einer aufgerauhten Knorpelfläche durch Shaving eine glatte Oberfläche zu erreichen, wird mit einer Beschleunigung und Ausweitung der Knorpelschädigung erkauft. Mit dieser Zielvorstellung sollte Shaving nicht mehr angewandt werden.

In den beiden letzten Sätzen liegt die Bedeutung der Studie für das klinische Handeln. Diese klinische Relevanz rechtfertigt den Aufwand der Studie. Ein differenziert angewandtes Shaving nach traumatischer Knorpelschädigung vermag richtunggebend den Schadenszustand einer dünnen, aber funktionell sehr bedeutenden Gewebeschicht zu beeinflussen.

6 Literatur

1. Akizuki S, Mow VC, Müller F et al. (1986) Tensile properties of human knee joint cartilage: I. Influence of ionic conditions, weight bearing, an fibrillation on the tensile modulus. J Orthop Res 4:379–392
2. Akuzuki S, Mow VC, Müller F, Pita JC, Howell DS (1987) Tensile properties of human joint cartialge. II. Correlations between weight bearing and tissue pathologiy and the kinetics of swelling. J Orthop Res 5:173–186
3. Ali SY (1979) New knowledge of osteoarthrosis. J Clin Pathol 31:191–199
4. Annefeld M (1985) A new test method for the standardize evaluation of changes in the ultrastructure of chondrocytes. Int J Tissue React 7:273–289
5 Annefeld M, Raiss R (1984) Veränderungen in der Ultrastruktur des Chondrozyten unter dem Einfluß eines GAG-Peptid-Komplexes. Akt Rheumatol 9:99–104
6. Annefeld M, Raiss R (1985) Der Einfluß von Piroxicam auf die Ultrastruktur des normalen Chondrozyten im Vergleich zu modernen und klassischen Antirheumatika. Akt Rheumatol 10:112–115
7. Annefeld M, Fassbender HG (1983) Ultrastrukturelle Untersuchungen zur Wirksamkeit antiarthrotischer Substanzen. Z Rheumatol 42:199–202
8. Annefeld M (1984) Die Bedeutung des Chondrozyten für die Erhaltung der Integrität des Gelenkknorpels. Akt Rheumatol 9:37–45
9. Bandi W (1974) Zur Frage der traumatischen Auslösung der Chondromalacia patellae. Orthopäde 3:201–207
10. Barnett C, Cochrane W, Palfrex AJ (1963) Age changes in articular cartilage of rabbits. Ann Rheum Dis 22:389–400
11. Barie HJ (1978) Intra-articular loose bodies regardes as organ cultures in vivo. J Pathol 125:163–169
12. Benedetto KP, Glötzer W (1983) Indikation zur operativen Behandlung des retropatellaren Knorpelschadens. Hefte Unfallheilkd 165:152–154
13. Benedetto KP (1984) Zur operativen Therapie des retropatellaren Knorpelschadens. Z Unfallchir Versicherungsmed Berufskr 77:157–162
14. Bentley G (1985) Articular cartilage changes in chondromalacia patellae. J Bone Jonit Surg [Br] 67:769–774
15. Bentley G, Smith AK, Mukerjhee R (1978) Isolated epiphyseal chondrocyte allografts into joint surfaces. Ann Rheum Dis 37:449–458
16. Benya PD, Padilla SR (1986) Modulation of the rabbit chondrocyte phenotype by retinoic acid terminates type II collagen synthesis without inducing type I collagen: The modulated rhenotype differs from that produced by subculture. Dev Biol 118:296–305
17. Benya PD, Nimni ME (1979) The stability of the collagen phenotype during stimulated collagen, glycosaminooglycan, and DNA synthesis by articular cartilage organ cultures. Arch Biochem Biophys 192:327–335
18. Beyam PD, Padilla SR, Nimni ME (1978) Independent regulation of collagen types by chondrocytes during the loss of differentiated function in culture. Cell 15:1313–1321
19. Brighton CT, Kitajima T, Hunt RM (1984) Zonal analysis of cytoplasmic components of articular cartilage chondrocytes. Arthritis Rheum 27:1290–1299
20. Broom ND, Poole CA (1982) A functional-morphological study of the tidemark region of articular cartilage maintainded in a nonviable physiological condition. J Anat 135:65–82

21. Broom ND (1984) Further insights into the stuctural principles governing the function of articular cartilage. J Anat 139:275–294
22. Bryan J (1968) Studies on clonal cartilage strains. I. Effect of contaminant non-cartilage cells. Exp Cell Res 52:319–326
23. Bucher O (1977) Cytologie, Histologie und mikroskopische Anatomie des Menschen. Huber, Bern
24. Buckwalter JA, Kuettner KE, Thonar EJM (1985) Age-related changes in articular cartilage proteoglycans: Electron microscopic studies. J Orthop Res 3:251–257
25. Buckwalter JA, Ehrlich MG, Armstrong AL, Mankin HJ (1987) Electron microscopic analysis of articular cartilage proteoglycan degradation by growth plate enzymes. J Orthop Res 5:128–132
26. Burck H-C (1981) Histologische Technik. Thieme, Stuttgart
27. Cameron DAR, Robinson RA (1958) Electron microscopy of epiphyseal and articular cartilage matrix in the femur of the newborn infant. J Bone Joint Surg [Am] 40:163–170
28. Chappius J (1983) Surface tension of animal cartilage as it relates to friction in joints. Ann Biomed Eng 11:435–449
29. Cheung HS, Harvey W, Benya PD, Nimni ME (1976) New collagen markers of "depression" synthesized by rabbit articular chondrocytes in culture. Biochem Biophys Res Commun 68:1371–1378
30. Cheung HS, Cottrell WH, Stephenson K, Nimni ME (1978) In vitro collagen biosynthesis in healing and normal rabbit articular cartilage. J Bone Joint Surg [Am] 60:1076–1081
31. Childers JC, Ellwood SC (1979) Partial chondrectomy and subchondral bone drilling for chondromalacia. Clin Orthop 144:114–120
32. Choi Y-C, Hough AJ, Morris GM, Sokoloff L (1981) Experimental siderosis of articular chondrocytes cultured in vitro. Arthritis Rheum 24:809–823
33. Ciba-Geigy (1982) Wissenschaftliche Tabellen Geigy. Ciba-Geigy, Basel
34. Clarke JC (1971) Articular cartilage: A review and scanning electron microscope study. J Bone Joint Surg [Br] 53:732–750
35. Collan Y (1969) Staining of expoxy-embedded tissue sections for light microscopy. Exp Pathol 3:147–152
36. Collins DH, Ghadially FN, Meachim G (1965) Intra-cellular lipid of cartilage. Ann Rheum Dis 24:123–135
37. Collins DH, McElligott TF (1960) Sulphate ($^{35}SO_4$) uptake by chondrocytes in relation to histological changes in osteorarthritic human articular cartilage. Ann Rheum Dis 19:318–330
38. Cotta H (1964) Pathophysioligische Reaktionen der Gelenke. Verh Dtsch Orthop Ges 51:263–275
39. Cotta H, Puhl W (1970) Oberflächenbetrachtungen des Gelenkknorpels. Arch Orthop Unfallchir 68:152–164
40. Cramer K (1927) Über die Heilung von Wunden des Gelenkknorpels. Dtsch Z Chir 22:172–191
41. Delbruck A, Dresow B, Gurr E, Reale E, Schröder H (1986) In vitro culture of human chondrocytes from adult subjects. Connect Tissue Res 15:155–172
42. Dettmer N (1966) Betrachtungen zum Wirkungsmechanismus von Mucopolysaccharidpolyschwefelsäureestern am arthorotischen Knorpel. Z Rheumaforsch 25:122–130
43. Dick W, Henche HR, Morscher E (1975) Der Knorpelschaden nach Patellafraktur. Arch Orthop Unfallchir 81:65–76
44. Dingle JT (1979) Recent studies on the control of joint damage: the contribution of the Strangeways Research Laboratory. Ann Rheum Dis 38:2011–214
45. Doerr W (1984) Spezielle pathologische Anatomie, Bd 18/I. Springer, Berlin Heidelberg New York Tokyo
46. Dustmann HO, Puhl W (1976) Altersabhängige Heilungsmöglichkeiten von Knorpelwunden. Z Orthop 114:749–764
47. Dustmann HO, Puhl W, Krempien B (1974) Das Phänomen der Cluster im Arthroseknorpel. Arch Orthop Unfallchir 79:321–333
48. Ehrlich MG, Armstrong AL, Treadwell BV, Mankin HJ (1986) Degradative enzyme systems in cartilage. Clin Orthop 213:62–68

49. Eisenberg SR, Grodzyinsky AJ (1987) The kinetics of chemically induced nonequilibrium swelling of articular cartilage and corneal stroma. J Biochem Eng 109:79–89
50. Elliott RJ, Gardner DL (1979) Changes with age in the glykosaminoglycans of human articular cartilage. Ann Rheum Dis 38:371–377
51. Ferrer-Roca O, Vilalta C (1979) Regemeration of the articular cartilage. Acta Orthop Belg 45:79–90
52. Fengler H (1985) Die Knorpeloberfläche synovialer Gelenke. Beitr Orthop Traumatol 32:325–331
53. Ficat RP, Ficat C, Gedeon P, Toussaint JB (1979) Spongialization: A new treatment for diseased patellae. Clin Orthop 144:74–83
54. Finlay JB, Repo RU (1978) Impact characteristics of articular cartilage. ISA Trans 17:29–34
55. Finsterbush A, Friedman B (1975) The effect of sensory denervation on rabbits knee joints. J Bone Joint Surg [Am] 57:949–956
56. Franke K, Paul B (1983) Chondromalazie (CHM) des Kniegelenkes. X. Europäischer Kongreß für Rheumatologie Moskau (1983). Luitpold, München S 22–23
57. Fritsch RS (1975) Die Morphometrie in der experimentellen Cytologie. NAL 41:205–234
58. Fritsch RS (1977) Quantitative stereologische Untersuchungen an heterogenen und inhomogenen Zellpopulationen: das Problem der berechneten „Durchschnittszelle". Verh Anat Ges 71:363–367
59. Fuller JA, Ghadially FN (1972) Ultrastructural observations on surgically produced partial-thickness defects in articular cartilage. Clin Orthop 86:193–205
60. Gay S, Miller EJ (1977) Pathophysiologie der Biosynthese von Knorpelkollagen. Therapiewoche 29:6756–6774
61. Gay S, Gay RE, Miller EJ (1980) The collagens of the joint. Arthritis Rheum 23:937–941
62. Gay S, Müller PK, Lemmen C et al. (1976) Immunhistilogical study on collagen in cartilage-bone metamorphosis and degenerative osteoarthrosis. Klin Wochenschr 54:969–976
63. Ghadially FN, Yong NK, LaLonde J-MA (1982) A transmission electron microscopic comparison of the articular surface of cartilage processed attached to bone an detached from bone. J Anat 135:685–706
64. Ghadially FN (1983) Fine structure of synovial joints. Butterworths, London
65. Ghadially FN, Thomas I, Oryschak AF, LaLonde J-M (1977) Long-term results of superficial defects in articular cartilage: A scanning electron-microscope study. J Pathol 121:213–217
66. Ghadially JA, Ghadially R, Ghadially FN (1977) Long-term results of deep defects in articular cartilage. Virchows Arch [B] 25:125–136
67. Giebel G, Berner W, Echtermeyer V, Ellendorff Ch (1983) Knorpel-Stanzbiopsie durch Arthrotomie oder -skopie. Unfallheilkunde 86:327–330
68. Goddfellow J, Hungerford DS, Woods C (1976) Patello-femoral joint mechanics and pathology. J Bone Joint Surg [Br] 58:291–299
69. Green WT (1977) Articular cartillage repair. Clin Orthop 124:237–250
70. Gritzka TL, Fry LR, Cheesman RL, LaVigne A (1973) Deterioration of articular cartilage caused by continuous compression in a moving rabbit joint. J Bone Joint Surg [Am] 55:1698–1720
71. Grundmann K, Zimmermann B, Barrach H-J, Merker H-J (1980) Behavior of epiphyseal mouse chondrocyte populations in monolayer culture. Virchows Arch [A] 389:167–187
72. Hackenbruch W, Henche HR (1979) Die arthroskopische Beurteilung der Knorpelschäden am Kniegelenk. Fortschr Med 97:2081–2088
73. Hall BK (1983) Cartilage: structure, function an biochemistry, vol 1. Academic Press, New York
74. Hall FM, Wyshak G (1980) Thickness of articular cartillage in the normal knee. J Bone Joint Surg [Am] 62:408–413
75. Harries ED, Parker HG, Radin EL, Krane SM (1972) Effects of proteolyic enzymes on structural and mechanical properties of cartilage. Arthritis Rheum 15:497–503
76. Helbing G (1982) Transplantation isolierter Chondrozyten in Gelenkknorpeldefekte. Fortschr Med 3:83–87
77. Herrling K, Gutsche H, Kunz J (1984) Die proliferative Kpazität der Chondrozyten bei chondralen und subchondralen Gelenkknorpelläsionen. Beitr Orthop Traumatol 31:381–391

78. Hesse W, Hesse I (1983) Kriterien zur Beurteilung des transplantationsbiologischen Erfolges bei der Knorpeltransplantation. Hefte Unfallheidlkd 165:40–42
79. Hesse W, Tscherne H, Hesse I (1979) Über die Einheilung nicht konservierter homologer Gelenkknorpeltransplantate im Experiment. Langenbecks Arch Chir 79:193–197
80. Hesse I (1981) Die Ultrastruktur von Gelenkknorpeloberflächen und ihre funktionelle Bedeutung. Verh Anat Ges 75:195–207
81. Honner R, Thompson RC (1971) The nutritional pathways of articular cartilage. J Bone Joint Surg [Am] 53:742–748
82. Immich H (1974) Medizinische Statistik. Schattauer, Stuttgart New York
83. Johnson-Nurse C, Dandy DJ (1985) Fracture-separation of articular cartilage in the adult knee. J Bone Joint Surg [Br] 67:42–43
84. Johnson LL (1986) Arthroscopic abrasion arthroplasty historical and pathologic perspective: Present status. Arthorscopy 2:54–69
85. Jurvelin J, Kiviranta J, Aroksoki J, Tammi M, Helminen HJ (1987) Identation study of the biomechanical properties of articular cartilage in the canine knee. Eng Med 16:15–22
86. Klein W, Kurze V (1986) Arthroscopic arthropathy: Iatrogenic arthroscopic joint lesions in animals. Arthroscopy 2:163–168
87. Knese K-H (1963) Über die Mineralablagerungen im Knorpel- und Knochengewebe unter Berücksichtigung elektronenmikroskopischer Befunde. Acta Histochem Suppel (Jena) 3:31–56
88. Koller S, Reichertz PL, Überla K (1979) Medizinische Informatik und Statistik, Bd 13. Springer, Berlin Heidelberg New York
89. Lindner J, Marzoll U, Friedrich O, Grasedyck K (1979) Autoradiographische Untersuchungen zum Teilungs- und Leistungsstoffwechsel des Gelenkknorpels bei genetisch bedingter Arthrose der Maus. Z Rheumatol 38:233–245
90. Lindner J (1971) Vergleichende histo- und biochemische Knorpeluntersuchungen. Acta Histochem Suppl (Jena) 10:345–367
91. Lothe K, Spycher MA, Rüttner JR (1979) Human articular cartilage in relation to age. Exp Cell Biol 47:22–28
92. Luyten FP, Verbruggen G, Veys EM, Goffin E, DePypere H (1987) In vitro repair of articular cartilage: Proteoglycan metabolism in the different areas of the femoral condyles in human cartilage explants. J Rheumatol 14:329–334
93. Mankin HJ (1982) The response of articular cartilage to mechanical injury. J Bone Joint Surg [Am] 64:460–466
94. Mansour JM, Mow VC (1976) The permeability of articular cartialge under compressive strain and at high pressure. J Bone Joint Surg [Am] 58:509–516
95. Maroundas A, Bullough P, Swanson SAV, Freeman MAR (1968) The permeability of articular cartilage. J Bone Joint Surg [Br] 50:166–177
96. Meachim G, Rey S (1967) Intracytoplasmic filaments in the cells of adult human articular cartilage. Ann Rheum Dis 26:50–57
97. Meachim G, Ghadially FN, Collins DH (1965) Regressive changes in the superficial layer of human articular cartilage. Ann Rheum Dis 24:23–30
98. Meachim G, Bentley G (1978) Horizontal splitting in patellar articular cartilage. Arthritis Rheum 21:669–674
99. Meier-Vismara E, Walker N, Vogel A (1979) Single cilia in the articular cartilage of the cat. Exp Cell Biol 47:161–171
100. Merker HJ (1961) Elektronenmikroskopische Untersuchungen über die Fibrillogenese im menschlichen Granulationsgewebe. Langenbecks Arch Klin Chir 297:411–423
101. Merker HJ, Günther Th (1973) Die elektronenmikroskopische Darstellung von Glykosaminoglykanen im Gewebe mit Rutheniumrot. Histochemie 34:293–303
102. Michaelis J (1980) Medizinische Statistik und Informationsverarbeitung. Thieme, Stuttgart
103. Milgram JW (1985) Injury to articular cartilage joint surfaces. Clin Orthop 192:168–173
104. Minnis RJ, Steven FS (1977) The collagen fibril organization in human articular cartilage. J Anat 123:437–457
105. Mizrahi J, Maroudas A, Lanir Y, Ziv I, Webber TJ (1986) The "instantaneous" deformation of cartilage: Effects of collagen fiber orientation and osmotic stress. Biorheology 23:311–330

106. Mohr W (1983) Pathogenese und Morphologie progressiver Gelenkschäden. Orthopäde 12:78–96
107. Morgenstern E, Werner G (1975) Zielpräpration in der Ultramikrotomie. Meth-Elmi 7:3–45
108. Morscher E Mikrotrauma und traumatische Knorpelschäden als Arthroseursache. Z Unfallmed Berufskrankh 4:220–231
109. Morscher E (1979) Traumatische Knorpelschäden am Kniegelenk. Chirurg 50:599–604
110. Nakata K, Bullough PG (1986) The injury and repair of human articular cartilage: A morphological study of 192 cases of coxarthrosis. J Jpn Orthop Ass 60 (1986) 763–775
111. Noak W (1980) Tierexperimentelle und in vtro Untersuchungen über die Heilung unterschiedlich tiefer Knropeldefekte in Abhängigkeit vom Alter und unter dem Einfluß von Glukosaminoglykanen (Chondroiton-4-6-sulfat). Med Habil-Schr Berlin
112. Noesberger B (1978) Chondrale Rupturen als Präarthrosen. Schweiz Rundschau Med 67:1931–1937
113. Oberholzer M (1983) Morphometrie in der klinischen Pathologie. Springer, Berlin Heidelberg New York Tokyo
114. Ogata K, Whiteside LA, Lesker PA (1978) Subchondral route for nutrition to articula cartilage in the rabbit. J Bone Joint Surg [Am] 60:905–910
115. Olura T, Ishikawa K (1987) Hydroxypatite deposition in osteoarthritic articular cartilage of the proximal femoral head. Arthritis Rheum 30:651–660
116. Ollivierre F, Gubler U, Towle CA, Laurencin C, Treadwell BV (1986) Expression of IL-1 genes in human and bovine chondrocytes: A mechanism for autocrine control of cartilage matrix degradation. Biochem Biophys Res Comm 141:904–911
117. Otte P (1958) Die Regenerationsunfähigkeit des Gelenkknorpels. Orthop 90:299–303
118. Otte P (1965) Über das Wachstum der Gelenkknorpel. Hüthig, Heidelberg
119. Otte P (1972) Die Verpflanzung von Gelenkknorpeln. Z Orthop 110:677–685
120. Outerbridge RE (1961) The etiology of chondromalacia patellae. J Bone Joint Surg [Br] 43:752–757
121. Outerbridge RE (1964) Further studies on the etiology of chondromalacia patellae. J Bone Joint Surg [Br] 46:179–190
122. Paar O, Lippert MJ, Bernet P (1986) Patellofemorale Druck- und Kontaktflächenmessungen: Die Knorpelabrasion als isolierte oder als Begleitmaßnahme bei Chondromalacia patellae normaler und formveränderter Kniescheiben. Unfallchirurg 89:555–562
123. Palfrey AJ, Davies DV (1966) The fine structure of chondrocytes. J Anat 100:213–226
124. Paukkonen K, Selkäinaho K, Jurvelin J, Helminen HJ (1984) Morphometry of articular cartilage: A stereological method using light microscopy. Anat Rec 210:675–682
125. Plattner H (1973) Die Entwässerung und Einbettung biologischer Objekte für die Elektronenmikroskopie. Meth-Elmi 5:3–51
126. Poole CA, Flint MH, Beaumont BW (1985) Morphology of the pericellular capsel in articular cartilage revealed by hyaluronidase digestion. J Ultrastruct Res 91:13–23
127. Puhl W, Dustmann HO (1973) Die Reaktionen des Gelenkknorpels auf Verletzungen (tierexperimentelle Untersuchungen). Z Orthop 111:494–497
128. Puhl W, Dustmann HO, Schulitz K-P (1971) Knorpelveränderungen bei experimentellen Hämarthros. Z Orthop 109:475–486
129. Puhl W, Dustmann HO, Quosdorf U (1973) Tierexperimentelle Untersuchungen zur Regeneration des Gelenkknorpels. Arch Orthop Unfallchir 74:352–365
130. Quintero M, Mitrovie DR, Stankovic A et al. (1984) Aspects cellulaires du vieillissement du cartilage articulaire. Rev Rhum 51:375–379
131. Radin EL, Rose RM (1986) Role of subchondral bone in the initiation and progression of cartilage damage. Clin Orthop 213:34–40
132. Ramm B, Hofmann G (1987) Biomathematik und medizinische Statistik, 3. Aufl. Enke, Stuttgart
133. Ratcliffe A, Tyler JA, Hardingham TE (1986) Articular cartilage cultured with Interleukin 1. Biochem J 238:571–580
134. Robinson DG, Ehlers U, Herken R et al. (1985) Präparationsmethodik in der Elektronenmikroskopie. Springer, Berlin Heidelberg New York Tokyo

135. Rohr HP (1977) A new system for opto-manual semiautomatic quantitative image analysis. Microscopia Acta 79:246–253
136. Romeis B (1968) Mikroskopische Technik, 16. Aufl. Oldenbourg, München Wien
137. Roughley PJ, Mort JS (1986) Aging and the aggregating proteoglycans of human articular cartilage. Clin Sci 71:337–344
138. Roy S, Meachim G (1986) Chondrocyte ultrastructure in adult human articular carilage. Ann Rheum Dis 27:544–557
139. Säämänen A-M, Tammi M, Kiviranta I, Jurvelin J, Helminen HJ (1987) Maturation of proteoglycan matrix in articular cartilage under increased and under decreased joint loading. A study in joung rabbits. Connect Tissue Res 16:163–175
140. Spolsky AS, Altman RD, Howell DS (1973) Cathepsin D activity in normal and osteorarthritic human cartilage. Fed Proc 32:1489–1493
141. Scheck M, Parker J, Skovich L (1975) The fine structure of proliferating cartilage cells: structural changes in an experimental model. J Anat 119:435–452
142. Sokoloff L (1982) The remodeling of articular cartilage. Rheumatology 7:11–18
143. Sokoloff L (1978) The joint and synoval fluid, vol 1. Academic Press, New York
144. Thompson RC, Oegema TR (1979) Metabolic activity of articular cartilage in osteoarthritis. J Bone Joint Surg [Am] 61:407–416
145. Thornton DJ, Nieduszynski JA, Oates K, Sheehan JK (1986) Electron-microscopic and electrophoretic studies of bovine femoral-head cartilage proteoglycan fractions. Biochem J 240:41–48
146. Torzilli PA, Adams TC, Mis RJ (1987) Transient solute diffusion in articular cartilage. J Biomech 20:203–214
147. Troidl H, Spitzer WO, McPeek B, Mulder DS, McKanelly MF (1986) Priciples and practice of research strategies for surgical investigators. Springer, Berlin Heidelberg New York Tokyo
148. Trzenschik K, Marx I (1987) Ultrastrukturelle Veränderungen des Gelenkknorpels unter dem Einfluß eines unphysiologischen pH-Milieus der Synovialflüssigkeit. Zentralbl Allg Pathol 133:147–153
149. Walcher K, Stürz H (1972) Weitere Beobachungen zur Frage der Regenerationsfähigkeit hyalinen Knorpels. Langenbecks Arch Chir 331:1–14
150. Watanbe S, Georgescu HI, Mendelow D, Evans CH (1986) Chondrocyte activation in response to factor (s) produced by a continouous line of lapine synovial fibroblasts. Exp Cell Res 167:218–226
151. Weiss C, Mirrow S (1972) An ultrastructural study of osteoarthritic changes in the articular cartilage of human knees. J Bone Joint Surg [Am] 54:954–972
152. Weiss C, Rasenberg L, Helfet AJ (1968) An ultrastructural study of normal young aldult human articular cartilage. J Bone Joint Surg [Am] 50:663–674
153. Weiss C (1979) Normal and osteoarthritic articular cartilage. Orthop Clin North Am 10:175–189
154. Werner J (1984) Medizinische Statistik. Urban & Schwarzenberg, München Wien Baltimore
155. Witter J, Roughley PJ, Webber C et al. (1987) The immunologic detection and characterisation of cartilage proteoglycan degradation products in synovial fluids of patients with arthritis. Arthritis Rheum 30:519–529
156. Zelander T (1959) Ultrastructure of articular cartilage. Z Zellforsch 49:739–747

Sachverzeichnis

Abrasionsarthroplastik 7, 90
Alternative 31, 40, 46, 55
anisotope Verteilung 94
Arthroskopie 2, 5, 13, 86, 94
Arthrotomie 13, 86, 94
Ausschlußkriterien 6, 21, 89, 95

Bandinstabilität 6, 39
begrenzte Objekte 93
Beobachtungseinheit 29, 55
Beobachtungsfeld 93
Bezugslinie 93
Bezugsystem, einheitliches 7, 89
Blockbildung 21, 95
Brutkapselformation 80, 82, 96

cartilage flow 88, 96
Chondromalazie 85
Chondroplastikmesser 10, 91
Cluster 96, 102

Datensammlung, prolektiv 22
Diskussion 85
distressed cell 78
Dokumentationsbogen 29

Einschlußkriterien 6, 21, 89, 95
endoplasmatisches Retikulum 64, 75, 79, 92
Erfassungszeitraum 17
Ergebnisse 33
Erhebungsbogen 22
Erkenntnisstand, wissenschaftlicher 2, 90
Ersteingriff 5, 22, 86, 91
Ethikkommission 21, 90
ethische Voraussetzungen 21, 90
Exozytose 64, 68, 74

Fallzahl 31
Fallzahlbegrenzung 22
Fallzahlermittlung 22, 24
Fehler, intraindividueller 9
–, interindividueller
–, methodischer 9
–, systematischer 5
Femurkondyle, mediale 6, 22, 31, 87
fibrozytenähnliche Zellen 96
Filament 64, 75, 77
Flächenausmessung 9, 22, 88
Fragestellung 3

Gelenkinstabilität 55, 95
Gelenkknorpel, intakt 31, 34, 40, 50, 92, 98
Gelenkoberfläche 62
Gelenkprellung 1
Gelenkschleimhautläsion 94
Gelenkstabilität 62, 95
Gelenkstauchung 1
Gewebeentnahme 13, 17, 22, 24
Glykogenmaterial 64
Golgi-System 82, 92

Hämarthros 94
Hakensonde 7
Haupteinflußgrößen 6, 39, 62, 89, 93
Heilverlauf, natürlicher 7, 40, 98
Hypothesengewinnung 30

intrinsic repair 101
Irrtumswahrscheinlichkeit 31, 46, 55

Kalkeinlagerung 68, 75, 80, 83
Karyolyse 25
Karyorrhexis 25
katabole Enzyme 102
Kernpyknose 25, 72
Klassengrenze 7, 89
Klasseninhalt 7, 89
klinische Relevanz 89, 106
Knorpelabhebung 85, 103
Knorpelblase 85
Knorpelerweichung 85

Knorpelglättung 1, 85, 102
Knorpel-Permeabilität 102
Knorpelschaden, alt 6, 39, 55
–, frisch 6, 39, 55
–, II. Grades 37–41, 64–68, 100
–, III. Grades 7, 12, 46–50, 100
–, traumatisch 2, 6
Knorpelschadensklassen 7, 89
Knorpelschicht, intermediäre 103
–, kalzifizierende 64, 68, 83, 89, 103
–, radiäre 34, 64, 68
–, superfiziale 62, 64, 68
–, tangentiale 62, 76
Knorpelstanzzylinder 13, 24, 31, 94
Knorpelsteifigkeit 102
Knorpelsubstanzdefekt 91
Knorpelzelldichte 95
Knorpelzelle, Absterberate 95
Knorpelzellnekrose 22, 30, 34, 92–98
Knorpelzellproliferation 96
kollagene Fasern 62, 64, 80, 96, 100, 103
Kollagenfibrillen 102
Kollagentyp 101
Komplikationen, spezifische 24
Kontrollgruppe 7

Langzeitergebnisse 2
Leitgedanke 2, 87

Matrix, interterritoriale 64, 68, 75
–, territoriale 64, 68, 75
matrix flow 96
Merkmal, qualitativ 24
–, quantitativ 24, 30, 93
Merkmalsausprägung, diskret 24, 30, 93
–, stetig 24, 30
Meßfehler s. Fehler
Meßfeld 93
Meßschnitt 25, 29, 31, 34, 50, 94, 98
Meßwerte 34
Meßwertepaar 30
Methodik 5
Migration 80–83, 96, 102
Mikroumgebung 102
Mitochondrien 81
Mittelwert 55
morphologische Befunde 62, 64, 75
morphologische Deskription 94
Morphometrie 92–94
Myelinablagerung 73–77

Narbenformation 68, 71
Negativauslese 23, 62, 90
Nichtshaving 5–7, 39–41, 89, 95
Normalverteilung 23, 30, 40
Nullhypothese 30–32, 40, 55

Patientenaufklärung 22
Patientencompliance 23
Patientengut 17
Pilotphase 5, 23, 25, 29, 90
Pinozytose 64, 68, 74
Polyribosomen 75
postmitotische Phase 96
Präparate, Einbettung 13–16
–, Fixierung 13–16
Pridie-Bohrung 12, 22, 86, 90
Proteoglykan 68, 75, 96, 100

Qualitätskontrolle 9, 25, 29, 39, 91, 94
Qualitätssicherung 5, 49

radioaktive Markierung 97
Randomisierung 17, 21
Rasterelektronenmikroskopie (REM) 87
Reproduzierbarkeit 5, 89
Röntgendiagnostik 86

scars 68, 71
Schadensklassifikation 6, 88
Scherbewegungen 1, 85, 90, 103
Schnittausrichtung 94
Selbstandauung 1, 86, 102
Semidünnschnitt 16, 27
Sensitivität 2, 62, 87, 96
Serienschnitt 29, 34, 94
Shaving 2, 5, 39, 85, 89, 95, 100
–, Definition 6
–, Methodik 12
Shavinginstrumente 10, 86
Signifikanzstufe 31, 40, 46
Spezifität 87
Stabilitätsminderung 55
Standardabweichung 40, 46, 55
Statistik 24, 27, 29, 93
statistische Aussage 33
Störgrößen 6, 17, 21, 23, 89, 94
Stratifizierung 17, 39, 55, 95
Strukturgleichheit 21, 40, 46, 89, 94
Studienaufbau 5
Studienausgänge 24
Studiencharakter, prospektiv 5, 23
Studienende 22
Studienplan, sequentieller 5, 31
–, theoretischer 22

Studienprotokoll 5, 30
Substratversorgung 98
systematische Verzerrung 94

Tasthaken 9, 96
Test, statistischer 30, 33
Testfelder 93
Testraster 93
tide mark 103
Transmissionselektronenmikroskopie (TEM) 2, 27, 87
Treffer-Punkt-Methode 93

Ultradünnschnitt 17, 27, 93
Umstellungsosteotomie 86
Unfallmechanismus 1, 6
Unterschied 7, 98

Validität 95
Variable 30
Verfahrensgleichheit 94
Vergleich 7, 98, 101
Vergleichbarkeit 7, 25, 89, 95
Vergleichsgruppe 98
vermengte Effekte 5
Versuchsanleitung, praktische 5
Viskoelastizität 97

Wachstumsfuge 97
Wert, abhängiger 27, 30
–, unabhängiger 30
Wirkmechanismus 1
Wirkungsunterschied 22, 25

Zelldetritus 68, 71, 75, 80
Zellfortsätze 64, 75, 78
Zellhof 64, 68, 70, 80
Zellkernmembran 25
Zellorganellen 64
Zielgröße 30, 40
Zielkriterium 24, 92
Zielmerkmal 6
Zielpräparation 16, 27, 93
Zufallszuteilung 7, 17, 89, 95
Zweiteingriff 5, 22, 86, 91
Zytoplasma 64
Zytoplasmamembran 25

Hefte zur Unfallheilkunde

Beihefte zur Zeitschrift „Der Unfallchirurg". Herausgeber: J. Rehn, L. Schweiberer, H. Tscherne

Heft 208: **M. Forgon, G. Zadravecz**

Die Kalkaneusfraktur

1990. VIII, 104 S. 95 Abb. 11 Tab. Brosch. DM 96,–
ISBN 3-540-51793-6

Heft 207

52. Jahrestagung der Deutschen Gesellschaft für Unfallheilkunde e. V.

16.–18. November 1988, Berlin

Präsident: K.-H. Jungbluth
Redigiert von: A. Pannike

1989. LII, 480 S. 64 Abb. Brosch. DM 149,–
ISBN 3-540-51644-1

Heft 206: **H. Resch, G. Sperner, E. Beck** (Hrsg.)

Verletzungen und Erkrankungen des Schultergelenkes

Innsbrucker Schultersymposium – Verletzungen der Schulter.
9./10. September 1988, Innsbruck

1989. X, 212 S. 119 Abb. 51 Tab.
Brosch. DM 98,– ISBN 3-540-51534-8

Heft 205: **E. Orthner**

Die Peronaeussehnenluxation

1991. X, 198 S. 117 Abb. Brosch. DM 128,–
ISBN 3-540-51648-4

Heft 204: **L. Gotzen, F. Baumgaertel** (Hrsg.)

Bandverletzungen am Sprunggelenk

Grundlagen. Diagnostik. Therapie

Symposium der Arbeitsgemeinschaft für Sportverletzungen der Deutschen Gesellschaft für Chirurgie (CASV)

1989. X, 119 S. 55 Abb. Brosch. DM 78,–
ISBN 3-540-51318-3

Preisänderungen vorbehalten

Heft 203: **R. Wolff** (Hrsg.)

Zentrale Themen aus der Sportorthopädie und -traumatologie

Symposium anläßlich der Verabschiedung von G. Friedebold, Berlin, 25.–26. März 1988

1989. XIV, 239 S. 136 Abb. 16 Tab.
Brosch. DM 124,– ISBN 3-540-51325-6

Heft 202: **P. Habermeyer, H. Resch**

Isokinetische Kräfte am Glenohumeralgelenk / Die vordere Instabilität des Schultergelenks

1989. XIV, 166 S. 65 Abb. 57 Tab.
Brosch. DM 86,– ISBN 3-540-51122-9

Heft 201: **W. Hager** (Hrsg.)

Brüche und Verrenkungsbrüche des Unterarmschaftes

22. Jahrestagung der Österreichischen Gesellschaft für Unfallchirurgie, 2.–4. Oktober 1986, Salzburg

Kongreßbericht im Auftrage des Vorstandes zusammengestellt von W. Hager

1989. XIX, 431 S. 191 Abb. 240 Tab.
Brosch. DM 198,– ISBN 3-540-50741-8

Heft 200: **A. Pannike** (Hrsg.)

5. Deutsch-Österreichisch-Schweizerische Unfalltagung in Berlin

18.–21. November 1987

Redigiert von E. H. Kuner, F. Povacs und Ch.-A. Richon

1988. LV, 716 S. 179 Abb. Brosch.
DM 178,–
ISBN 3-540-50085-5

Druck: Druckerei Zechner, Speyer
Verarbeitung: Buchbinderei Schäffer, Grünstadt